园林景观创意设计施工图册

主　编　李世华　张其林

副主编　李国华　寿晨曦

中国建筑工业出版社

图书在版编目（CIP）数据

园林景观创意设计施工图册/李世华，张其林主
编. —北京：中国建筑工业出版社，2012.3
ISBN 978-7-112-14181-4

Ⅰ.①园…　Ⅱ.①李…②张…　Ⅲ.①园林-工程施
工-图集　Ⅳ.①TU986.3-64

中国版本图书馆 CIP 数据核字（2012）第 054348 号

内　容　提　要

　　本书包括城市园林景观总体规划图实例、园林景观的创意设计、园林水景景观、园林假山景观、城市广场与公园景观平面图实例、城市专用工程景观平面图实例、园林雕塑公园景观图例、著名庭园景观鸟瞰图实例等内容。

　　本书可供从事园林景观工程设计施工人员使用，也可供大专院校及相关专业人员使用。

* * *

责任编辑：姚荣华　胡明安
责任设计：叶延春
责任校对：张　颖　关　健

园林景观创意设计施工图册

主　编　李世华　张其林
副主编　李国华　寿晨曦

*

中国建筑工业出版社出版、发行（北京西郊百万庄）
各地新华书店、建筑书店经销
霸州市顺浩图文科技发展有限公司制版
北京云浩印刷有限责任公司印刷

*

开本：787×1092毫米　1/16　印张：16¾　字数：400千字
2012 年 7 月第一版　2012 年 7 月第一次印刷
定价：**39.00**元
ISBN 978-7-112-14181-4
（22214）

前　　言

随着生产力的大发展和人民生活水平的大提高，人们对生活的需求将从数量型转为质量型，从户内型转为户外型，生态休闲正在成为人们日益增长的生活需求的重要组成部分。就一个城市来说，生态环境好，就能更好地吸引人才、资金和物资，同时也更能吸引广大旅游爱好者的参观学习和欣赏，使城市处于竞争的有利地位。目前，许多城市提出建设"生态城市"、"花园城市"、"森林城市"的目标，城市园林建设越来越受到高度重视，促进了城市园林行业的蓬勃发展。

《城市园林景观创意设计施工图册》是奉献给广大从事土木工程设计与建设者们的一本实用性强、具有参考价值的城市园林景观中常见的创意、设计、施工示范性图册，按照园林环境景观的理念、构思，进行具有中国特色的创意、设计、施工等，结合一批资深工程设计、施工技术人员的实践经验，以图示为主的形式编写而成。同时也列举了许多国内著名的园林景观。本图册包括城市园林景观总体规划图实例、园林景观的创意设计、园林水景景观、园林假山景观、城市广场与公园景观平面图实例、城市专用工程景观平面图实例、园林雕塑公园景观图例、著名庭园景观鸟瞰图实例等内容。

从事园林工作的高技能人才和生产一线的技术管理型人才的培养，特别是园林创意设计方面的技术人才，更加是急需解决的问题。本书是结合我国许多优秀的园林景观实例，来引导设计人员如何从多方面、多层次如何对园林景观进行观赏；如何进入创意设计的构思、立意、造型；如何进行施工及施工中应注意的事项等。

本图册在编写过程中不仅得到了广州市政集团有限公司、广州市政园林管理局、广州华南路桥实业有限公司、广州大学市政技术学院、广州市花木公司等单位的领导和工程技术人员的大力支持，而且得到了张连法、寿鹏、李琼、李思洋、胡定原、胡晓岚聂英才、李紫林、周开庆、李保钦、谢小平、梁双丰、吴旭平等专家学者的热心修改与指导，同时也参考了同行们的许多著作、文献等宝贵资料，在此一并致以衷心感谢。限于编者水平，加之编写时间仓促，书中难免存有着错误和不足之处，敬请广大读者批评指教。

编　者

2012. 6

目　录

3　园林水景景观

4　园林假山景观

5　城市广场与公园景观平面图实例

6　城市专用工程景观平面图实例

7　园林雕塑公园景观图例

8　著名庭园景观鸟瞰图实例

1　城市园林景观总体规划图实例

1.1 国内主要城市园林景观规划图实例

至丰宁

N

黑龙潭京都第一瀑风景区
京都第一瀑

古北口司马司长城风景区
雾灵山自然保护区

松山自然保护区
龙庆峡

黑龙潭

云蒙山自然保护区

龙庆峡康西草原风景区

至张家口

慕田峪风景区

庄风沙治理区
康西草原

慕田峪长城

大沙河风沙治理区

八达岭长城

金海风景区

八达岭十三陵风景名胜区
明十三陵

金海湖

至大同

南口风沙治理区

潮白河沿岸风景风

灵山自然保护区

妙峰山
大觉寺

龙门涧风景区

小西山风景区

东西龙门洞

朝白河风沙治理区

至秦皇岛

百花山自然保护区

潭柘寺 戒台寺
潭柘寺戒台寺风景区

图例

	风景游览区		农田林网
	自然保护区		旅游点
	重点绿化		河湖水库
	山区绿化		道路
	市区绿化		城镇用地
	风沙治理区		市界

上方山周口店风景区

团河行宫

周口店猿人遗址

半壁店团河行宫网景区

上方山云水洞 永定河风沙治理×
云居寺

半壁店森林公园

十渡风景区

至原平

至天津

至石家庄

至开封

至济南

北京市域园林景观总体规划图（1999～2010 年）

图名	北京市域园林景观总体规划图（一）	图号	YL1-1-1 （一）

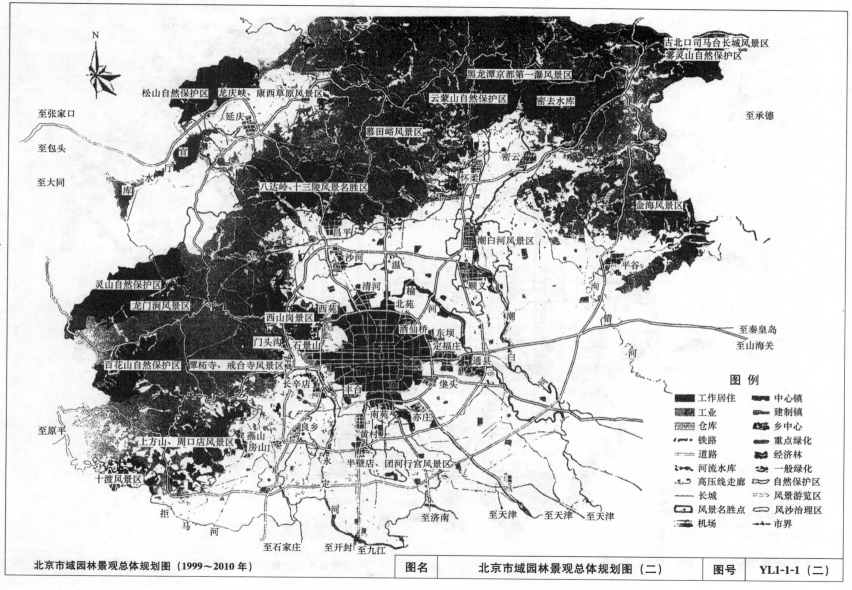

北京市域园林景观总体规划图（1999～2010年）

| 图名 | 北京市域园林景观总体规划图（二） | 图号 | YL1-1-1（二） |

图中文字标注：

古北口司马台长城风景区
雾灵山自然保护区
黑龙潭京都第一瀑风景区
松山自然保护区　龙庆峡、康西草原风景区
云蒙山自然保护区　密去水库
延庆
至张家口
至包头
至大同
慕田峪风景区
密云
怀柔
金海风景区
八达岭、十三陵风景名胜区
至承德
灵山自然保护区
龙门涧风景区
西山岗景区　西苑
门头沟　石景山
百花山自然保护区　潭柘寺、戒台寺风景区
长辛店
昌平
沙河
温
清河
榆河
北苑
酒仙桥
东坝
定福庄
通县
堡头
顺义
潮
潮白河风景区
平谷
沟
借
白
河
至秦皇岛
至山海关
河
至原平
上方山、周口店风景区
燕山房山
十渡风景区
拒马河
良乡
南苑
黄村
半壁店、团河行宫风景区
丰台
亦庄
永定河
至石家庄　至开封　至九江
至济南　至天津　至天津　至天津

图　例

工作居住　　中心镇
工业　　　　建制镇
仓库　　　　乡中心
铁路　　　　重点绿化
道路　　　　经济林
河流水库　　一般绿化
高压线走廊　自然保护区
长城　　　　风景游览区
风景名胜点　风沙治理区
机场　　　　市界

3

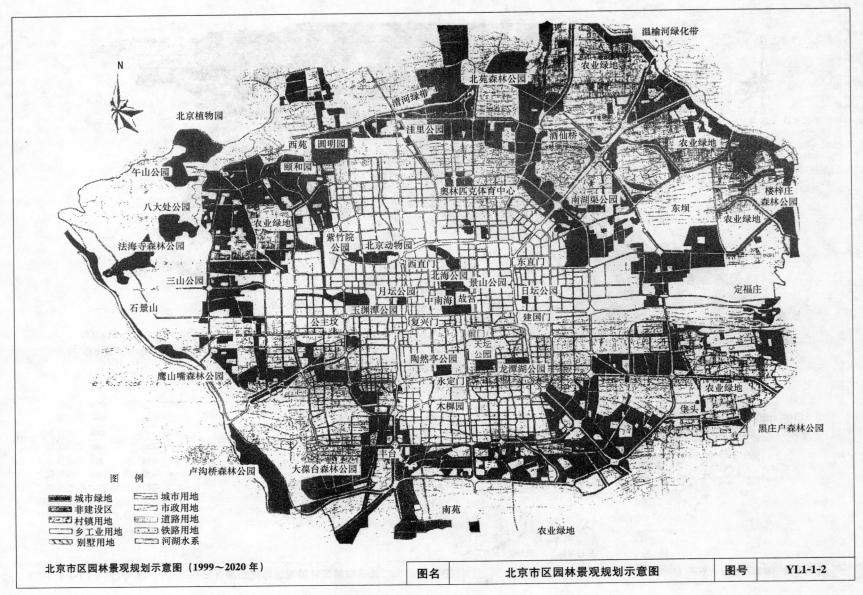

北京植物园

温榆河绿化带

北苑森林公园

农业绿地

清河绿带

洼里公园

酒仙桥

农业绿地

西苑

圆明园

颐和园

午山公园

奥林匹克体育中心

楼梓庄
森林公园

八大处公园

南湖渠公园

东坝

农业绿地

农业绿地

紫竹院
公园

北京动物园

法海寺森林公园

西直门

东直门

三山公园

北海公园

景山公园

日坛公园

定福庄

月坛公园

石景山

中南海 故宫

玉渊潭公园

公主坟

建国门

复兴门

前门

鹰山嘴森林公园

陶然亭公园

天坛
公园

龙潭湖公园

农业绿地

永定门

卢沟桥森林公园

大葆台森林公园

木樨园

堡头

黑庄户森林公园

丰台

图　例

城市绿地　　城市用地

非建设区　　市政用地

村镇用地　　道路用地

乡工业用地　铁路用地

别墅用地　　河湖水系

南苑

农业绿地

北京市区园林景观规划示意图（1999~2020 年）

| 图名 | 北京市区园林景观规划示意图 | 图号 | YL1-1-2 |

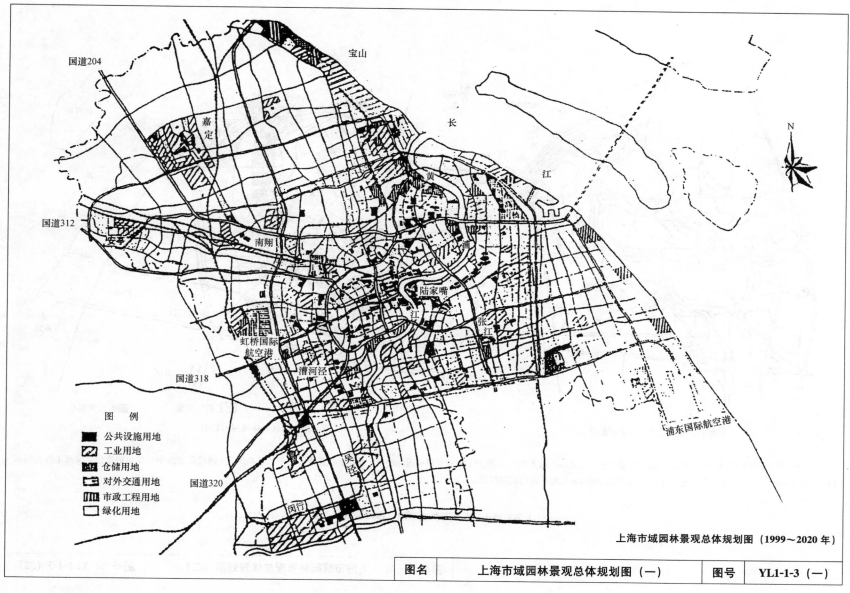

国道204

宝山

国道312

嘉定

长

黄 江

安亭

南翔

浦

陆家嘴

张

江

江

虹桥国际
航空港

漕河泾

国道318

浦东国际航空港

图 例

■ 公共设施用地
▨ 工业用地
▨ 仓储用地
▨ 对外交通用地
▥ 市政工程用地
□ 绿化用地

国道320

吴泾

闵行

上海市域园林景观总体规划图（1999～2020 年）

| 图名 | 上海市域园林景观总体规划图（一） | 图号 | YL1-1-3（一） |

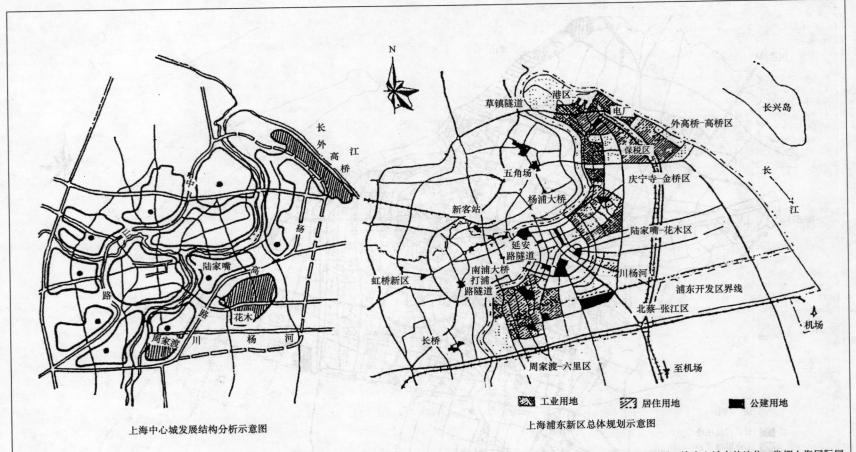

上海中心城发展结构分析示意图

上海浦东新区总体规划示意图

图例：⊞ 工业用地　⊟ 居住用地　■ 公建用地

　　上海是我国重要的经济中心和航运中心，国家历史文化名城。到2020年，将把上海初步建成国际经济、金融、贸易中心之一，基本确立上海国际经济中心城市的地位。发挥上海国际国内两个扇面辐射转换的纽带作用，进一步促进长江三角洲和长江经济带的共同发展。

上海市域园林景观总体规划图（1999～2020年）

图名	上海市域园林景观总体规划图（二）	图号	YL1-1-3（二）

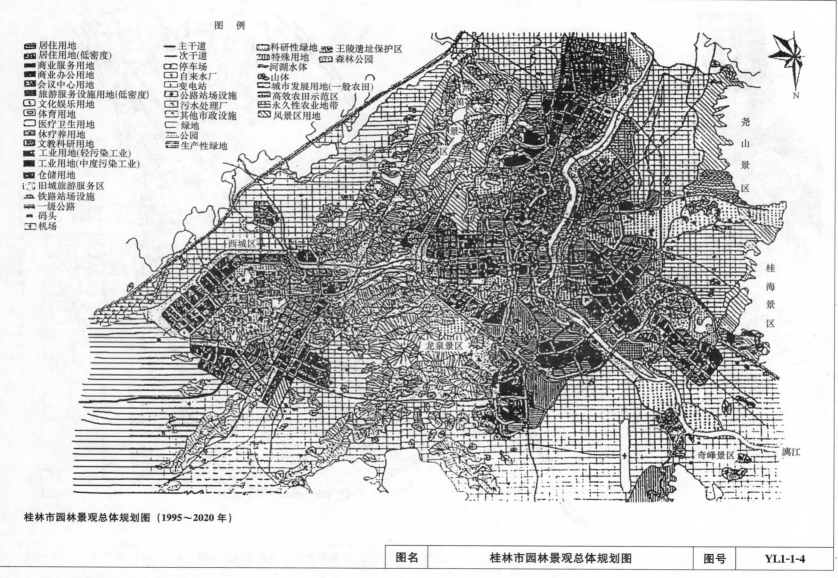

图 例

居住用地
居住用地(低密度)
商业服务用地
商业办公用地
会议中心用地
旅游服务设施用地(低密度)
文化娱乐用地
体育用地
医疗卫生用地
休疗养用地
文教科研用地
工业用地(轻污染工业)
工业用地(中度污染工业)
仓储用地
旧城旅游服务区
铁路站场设施
一级公路
码头
机场

主干道
次干道
停车场
自来水厂
变电站
公路站场设施
污水处理厂
其他市政设施
绿地
公园
生产性绿地

科研性绿地
特殊用地
河湖水体
山体
城市发展用地(一般农田)
高效农田示范区
永久性农业地带
风景区用地

王陵遗址保护区
森林公园

尧山景区

桂海景区

芦笛景区

西城区

龙泉景区

奇峰景区

漓江

桂林市园林景观总体规划图（1995～2020 年）

| 图名 | 桂林市园林景观总体规划图 | 图号 | YL1-1-4 |

7

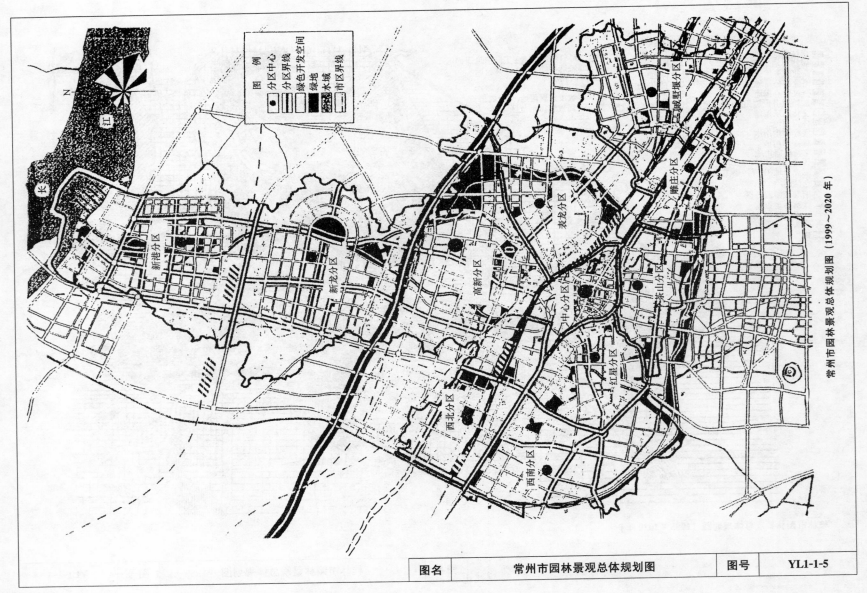

| 图名 | 常州市园林景观总体规划图 | 图号 | YL1-1-5 |

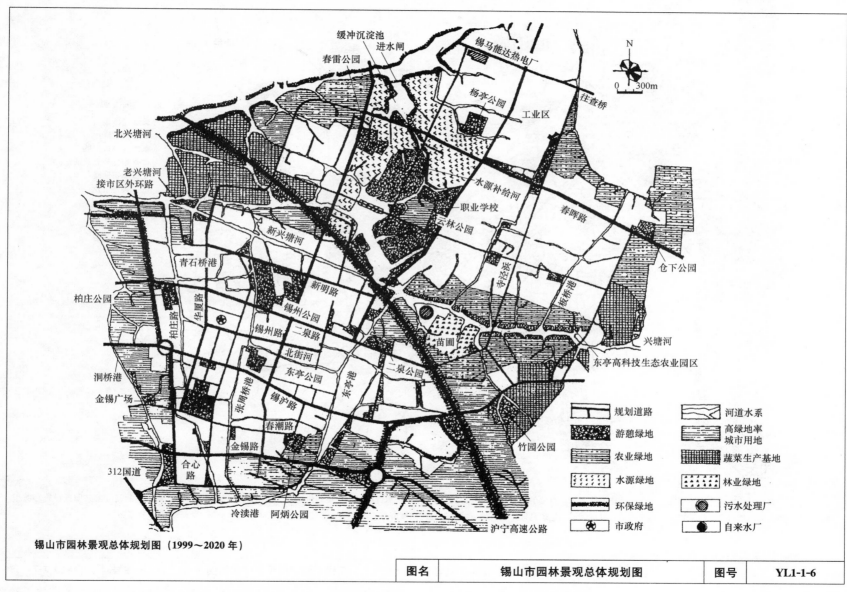

锡山市园林景观总体规划图（1999～2020 年）

| 缓冲沉淀池 |
| 进水闸 |
| 春雷公园 |
| 北兴塘河 |
| 老兴塘河 |
| 接市区外环路 |
| 新兴塘河 |
| 青石桥港 |
| 柏庄公园 |
| 柏庄路 |
| 华夏路 |
| 新明路 |
| 锡州公园 |
| 锡州路 |
| 二泉路 |
| 北街河 |
| 东亭公园 |
| 东亭港 |
| 二泉公园 |
| 洞桥港 |
| 金锡广场 |
| 张甬桥港 |
| 锡沪路 |
| 春潮路 |
| 金锡路 |
| 合心路 |
| 312国道 |
| 冷渎港 |
| 阿炳公园 |
| 沪宁高速公路 |

锡马能达热电厂
往查桥
杨亭公园
工业区
水源补给河
职业学校
春晖路
云林公园
仓下公园
寺径浜
板桥港
苗圃
兴塘河
东亭高科技生态农业园区
竹园公园

N
0 300m

图例	
规划道路	河道水系
游憩绿地	高绿地率城市用地
农业绿地	蔬菜生产基地
水源绿地	林业绿地
环保绿地	污水处理厂
市政府	自来水厂

| 图名 | 锡山市园林景观总体规划图 | 图号 | YL1-1-6 |

9

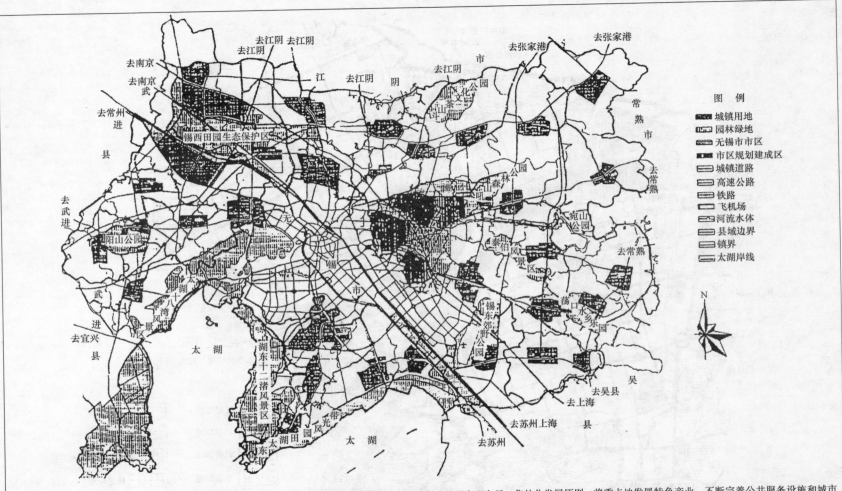

图例

- 城镇用地
- 园林绿地
- 无锡市市区
- 市区规划建成区
- 城镇道路
- 高速公路
- 铁路
- 飞机场
- 河流水体
- 县域边界
- 镇界
- 太湖岸线

　无锡市是长江三角洲的中心城市之一，国家历史文化名城，重要的风景旅游城市。到2020年，按照合理布局、集约化发展原则，将重点地发展特色产业，不断完善公共服务设施和城市功能，逐步将无锡市建设成为经济繁荣、功能完善、社会和谐、生态良好，具有地方特色的现代化城市。

无锡市园林景观总体规划图（1999～2020年）

图名	无锡市园林景观总体规划图	图号	YL1-1-7

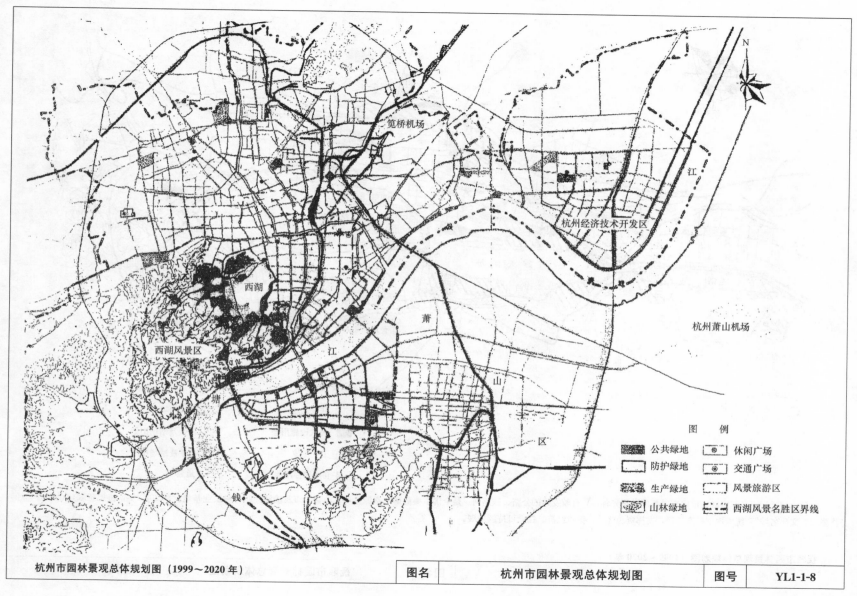

杭州市园林景观总体规划图（1999～2020年）

| 图名 | 杭州市园林景观总体规划图 | 图号 | YL1-1-8 |

11

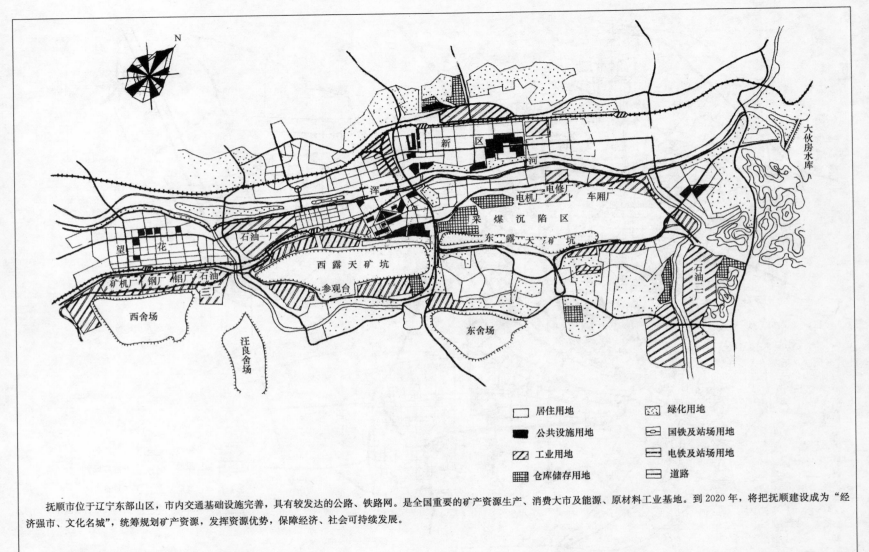

图中图例：

图例	名称	图例	名称
□	居住用地		绿化用地
■	公共设施用地		国铁及站场用地
	工业用地		电铁及站场用地
	仓库储存用地		道路

抚顺市位于辽宁东部山区，市内交通基础设施完善，具有较发达的公路、铁路网。是全国重要的矿产资源生产、消费大市及能源、原材料工业基地。到2020年，将把抚顺建设成为"经济强市、文化名城"，统筹规划矿产资源，发挥资源优势，保障经济、社会可持续发展。

抚顺市园林景观总体规划图（1999～2020 年）

图名	抚顺市园林景观总体规划图	图号	YL1-1-9

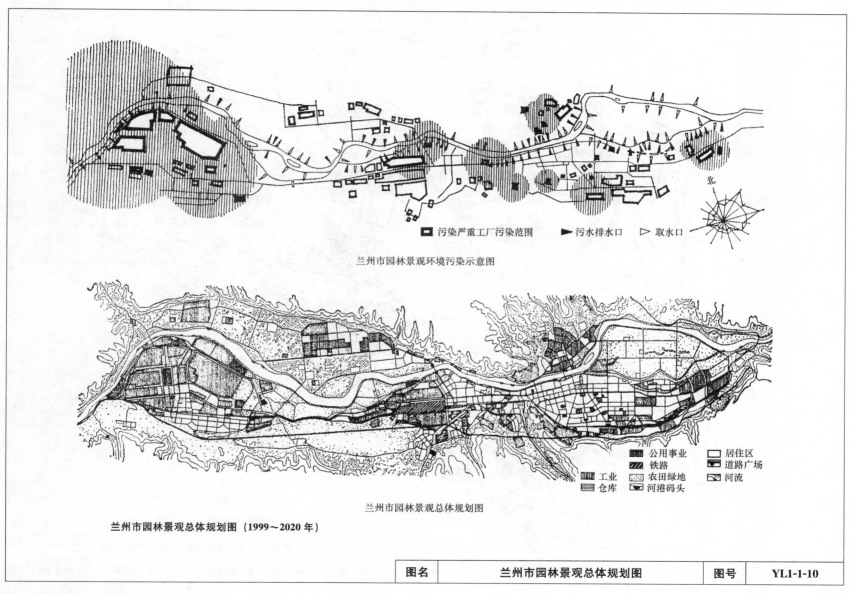

污染严重工厂污染范围　　▶ 污水排水口　　▷ 取水口

兰州市园林景观环境污染示意图

公用事业　居住区
铁路　　　道路广场
工业　　　农田绿地　河流
仓库　　　河港码头

兰州市园林景观总体规划图

兰州市园林景观总体规划图（1999～2020 年）

图名	兰州市园林景观总体规划图	图号	YL1-1-10

水库
城
市
大
环
境
绿
化
带
城市绿
色
系
绿
化
带

城
市
大
环
境
绿
化
带

胶州湾

青岛崂山国家
级风景名胜区

黄
海

林
市
园
绿
化
带

城
薛
家
岛

风

景

区

小珠山岗景名胜区

图 例

�	公共绿地
▄	道路绿化带
▣	河道绿化带
▤	大环境绿化带
▢	风景区
▨	规划界线

青岛市园林景观总体规划图（1999～2020 年）

图名	青岛市园林景观总体规划图	图号	YL1-1-11

1.2 国外主要城市园林景观规划实例

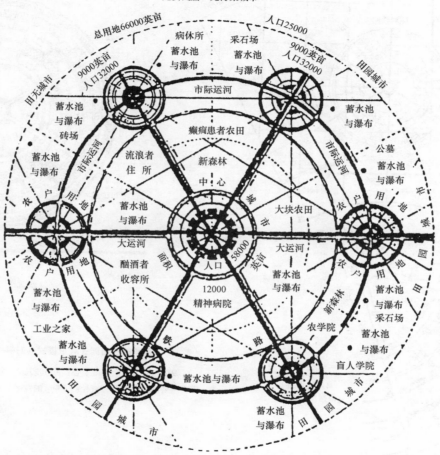

无贫民窟、无污染城市

霍华德的田园式城市模式（1）——中心城市与田园城市的关系示意图

城市发展模式——像植物"芽"似的，"芽"与"芽"之间穿插农业用地，相互有快递之间的联系，这些"幼芽"集中在一个规模较大的中心城市周围。

图名	霍华德的田园式城市模式（一）	图号	YL1-2-1（一）

15

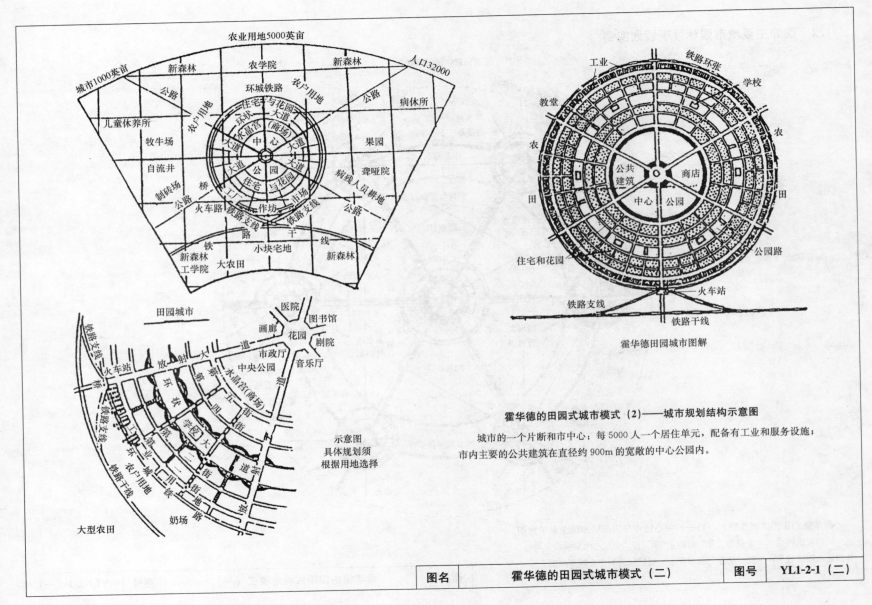

农业用地5000英亩

城市1000英亩　人口32000

新森林　农学院　新森林

环城铁路　农户用地

儿童休养所　住宅与花园　公路　病休所

公路　农户用地　环状大道　公园　大道　果园

牧牛场

自流井　水晶宫（商场）　中心

制砖场　大道　大道　聋哑院

桥　公园　病残人员耕地

工厂　住宅与花园

火车路　作坊　市场　公路

铁路支线　铁路支线

路　干　线

铁

新森林　小块宅地　新森林

工学院　大农田

田园城市

医院　图书馆

铁路支线　画廊　剧院

火车站　市政厅　花园　音乐厅

桥　放射大道　中央公园　水晶宫（商场）

环状　五街　四街　三街　二街　环状

铁路支线　工业用地　学院大道　道

铁路干线　一街　铁　城地

大型农田　奶场

示意图
具体规划须
根据用地选择

工业　铁路环张

教堂　学校

农田　公共建筑　商店　农田

中心公园

住宅和花园　公园路

铁路支线　火车站

铁路干线

霍华德田园城市图解

霍华德的田园式城市模式（2）——城市规划结构示意图

城市的一个片断和市中心：每5000人一个居住单元，配备有工业和服务设施；市内主要的公共建筑在直径约900m的宽敞的中心公园内。

图名	霍华德的田园式城市模式（二）	图号	YL1-2-1（二）

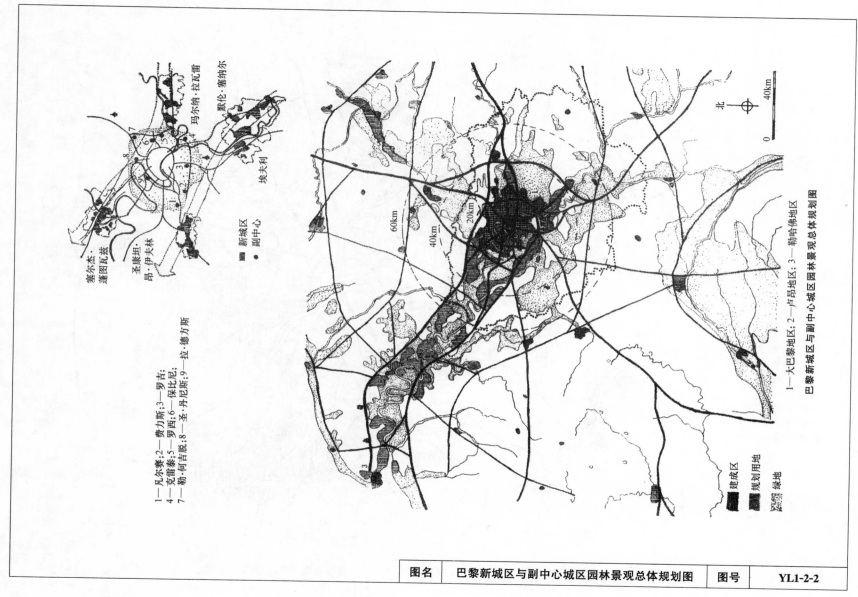

巴黎新城区与副中心城区园林景观总体规划图

1—凡尔赛;2—费力斯;3—罗吉;
4—克雷泰;5—罗西;6—保比尼;
7—勒·阿吉脱;8—圣·丹尼斯;9—拉·德方斯

■ 新城区
● 副中心

1—大巴黎地区;2—卢昂地区;3—勒哈佛地区
巴黎新城区与副中心城区园林景观总体规划图

■ 建成区
■ 规划用地
░ 绿地

| 图名 | 巴黎新城区与副中心城区园林景观总体规划图 | 图号 | YL1-2-2 |

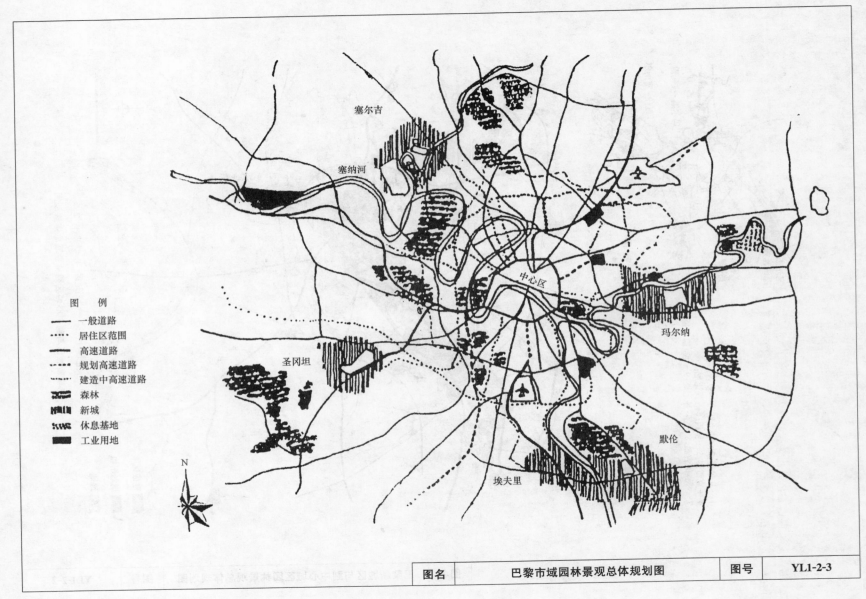

塞尔吉

塞纳河

中心区

玛尔纳

圣冈坦

默伦

埃夫里

图　例

———— 一般道路
········· 居住区范围
———— 高速道路
－－－－ 规划高速道路
－·－·－ 建造中高速道路
　　　森林
　　　新城
　　　休息基地
　　　工业用地

N

| 图名 | 巴黎市域园林景观总体规划图 | 图号 | YL1-2-3 |

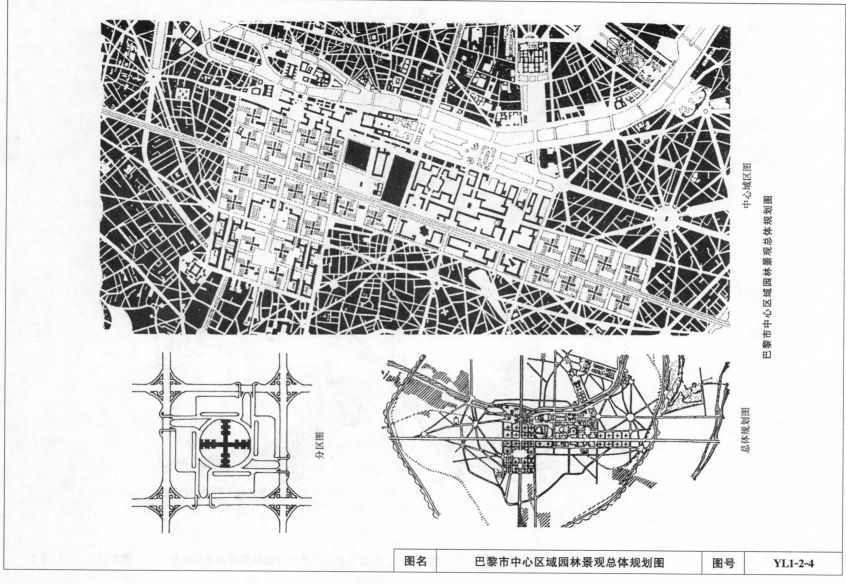

中心域区图

巴黎市中心区域园林景观总体规划图

分区图

总体规划图

图名	巴黎市中心区域园林景观总体规划图	图号	YL1-2-4

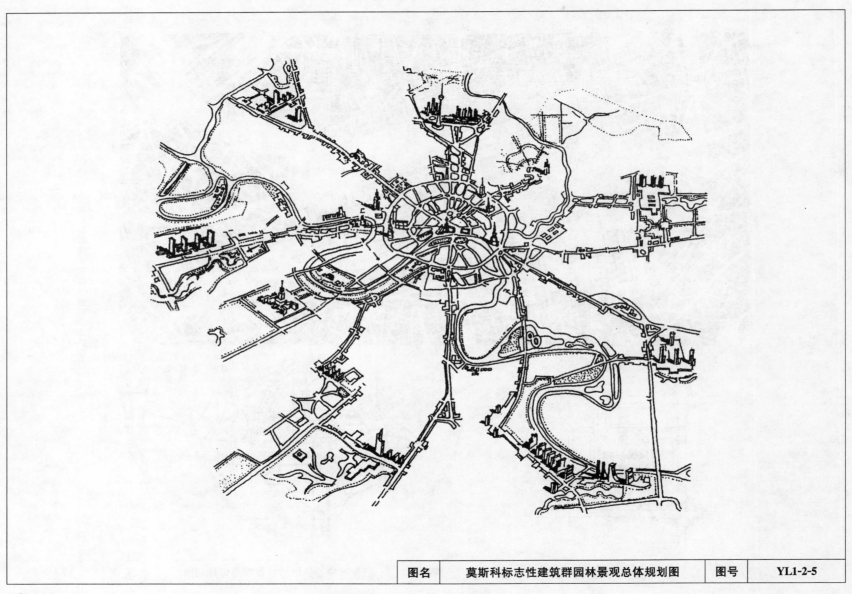

| 图名 | 莫斯科标志性建筑群园林景观总体规划图 | 图号 | YL1-2-5 |

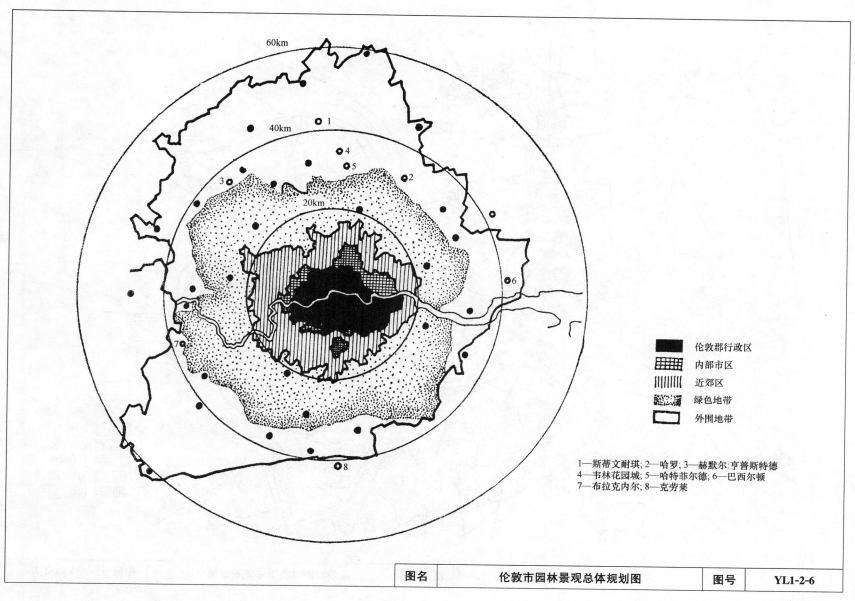

60km

40km

20km

1 斯蒂文耐琪
4

5

3

2

6

7

8

伦敦郡行政区

内部市区

近郊区

绿色地带

外围地带

1—斯蒂文耐琪；2—哈罗；3—赫默尔:亨普斯特德
4—韦林花园城；5—哈特菲尔德；6—巴西尔顿
7—布拉克内尔；8—克劳莱

| 图名 | 伦敦市园林景观总体规划图 | 图号 | YL1-2-6 |

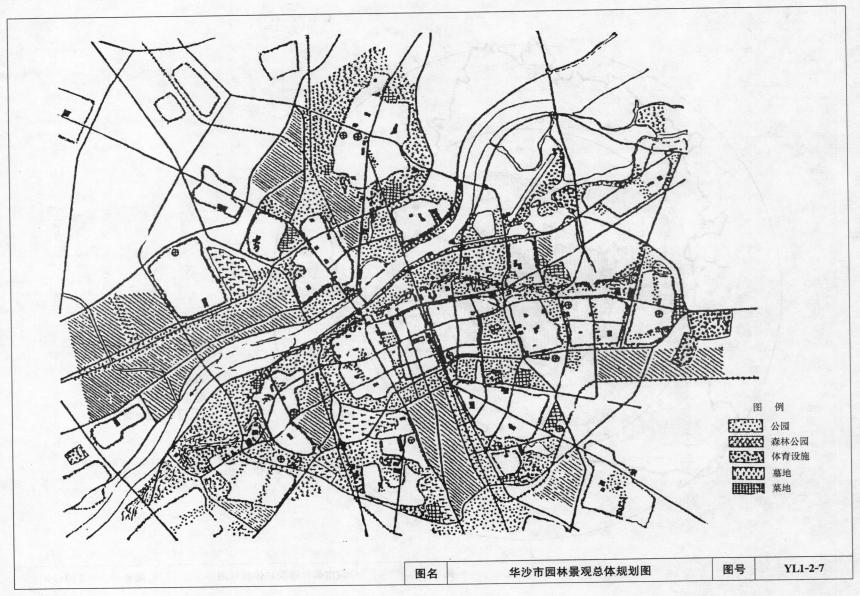

图 例
公园
森林公园
体育设施
墓地
菜地

| 图名 | 华沙市园林景观总体规划图 | 图号 | YL1-2-7 |

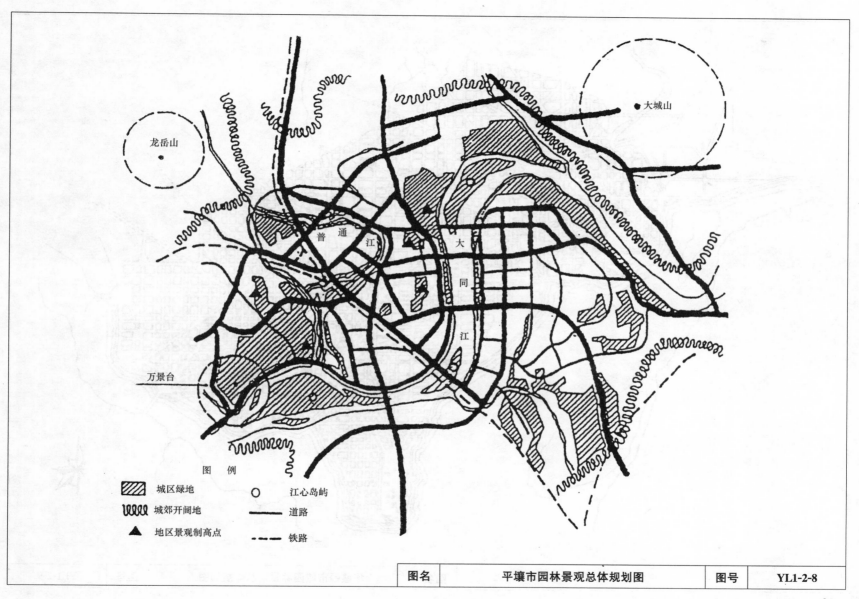

龙岳山

大城山

普 通 江

大

同

江

万景台

图 例

城区绿地　　　　○　江心岛屿

城郊开阔地　　　——　道路

▲ 地区景观制高点　　- - -　铁路

| 图名 | 平壤市园林景观总体规划图 | 图号 | YL1-2-8 |

23

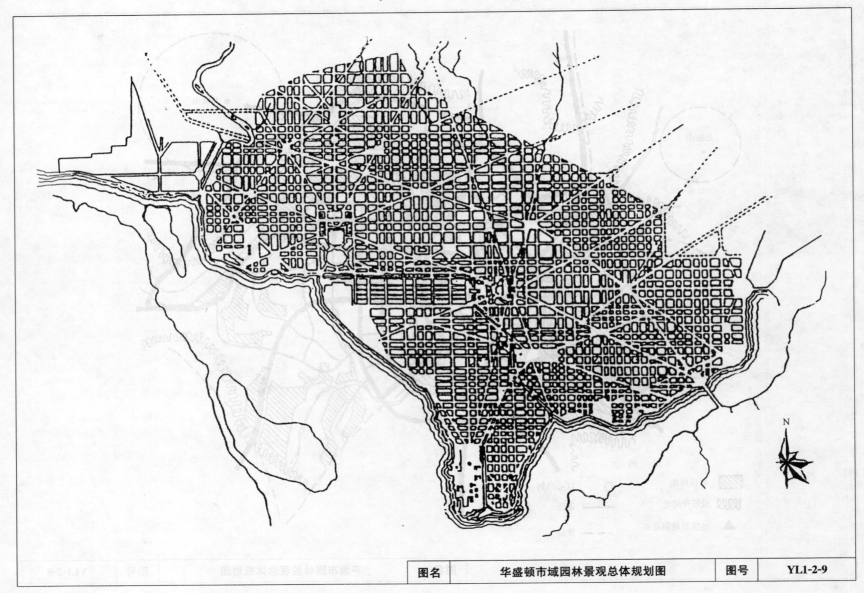

| 图名 | 华盛顿市域园林景观总体规划图 | 图号 | YL1-2-9 |

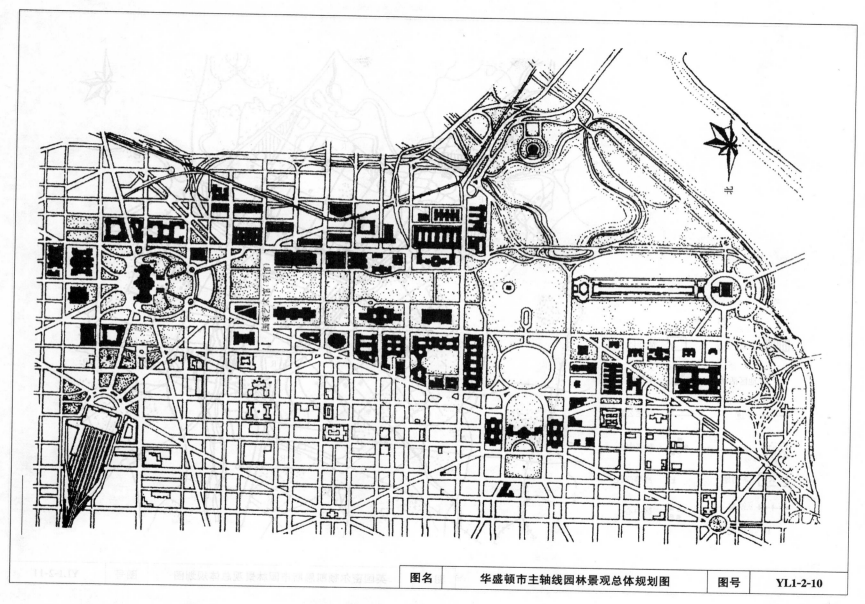

| 图名 | 华盛顿市主轴线园林景观总体规划图 | 图号 | YL1-2-10 |

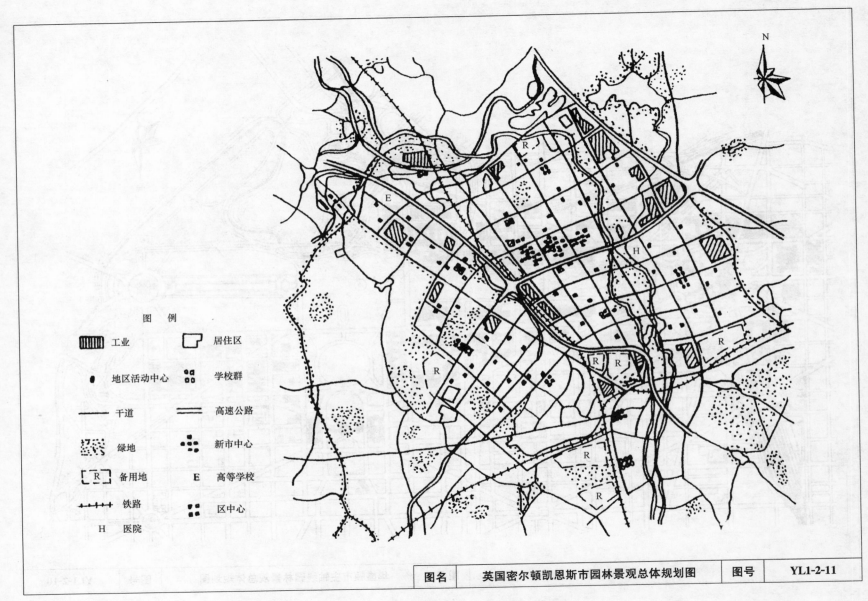

图例

▨	工业	⬒	居住区
●	地区活动中心	⁛	学校群
——	干道	═	高速公路
⬚	绿地	⬢	新市中心
[R]	备用地	E	高等学校
┼┼┼	铁路	⬢	区中心
H	医院		

图名	英国密尔顿凯恩斯市园林景观总体规划图	图号	YL1-2-11

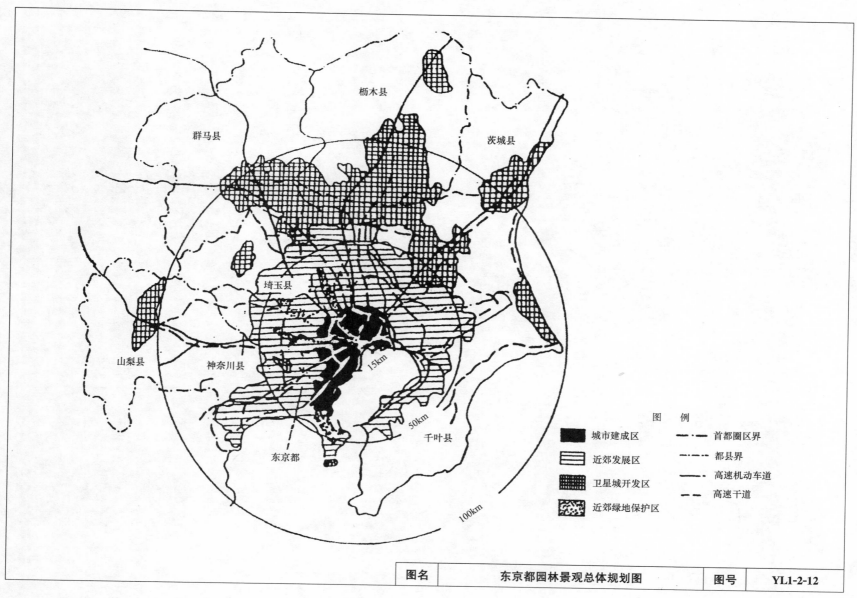

栃木县

群马县

茨城县

山梨县

埼玉县

神奈川县

15km

50km

100km

东京都

千叶县

图　例

城市建成区　　　　首都圈区界

近郊发展区　　　　都县界

卫星城开发区　　　高速机动车道

近郊绿地保护区　　高速干道

图名	东京都园林景观总体规划图	图号	YL1-2-12

2　园林景观的创意设计

2.1 园林景观地形的功能与类型

园林景观地形的主要功能

表1

序号	分类	园林景观地形的主要功能	简明示意图
1	骨架作用	（1）园林地形是园林中所有景观与设施的载体。它为所有景观与设施提供了赖以存在的基面。地形被认为是构成任何景观的基本结构骨架，是其他设计要素和使用功能布局的基础。 （2）任何园林景观，其地形是园林基本景观的决定因素。地形较平坦的园林用地，有条件开辟最大面积的水体，因此它的基本景观往往就是以水面形象为主的景观。 （3）地形起伏度大的山地园林用地，由于地形所限，其基本景观就不会是广阔的水景观，而是奇突的峰石和莽莽的群体山林。 （4）因为园林景观的形成在不同程度上都与地面相接触，所以地形便成了环境景观不可缺少的基础成分和依赖成分。地形是连接景观中所有因素和空间的主线，它的结构作用可以延续到水平线的尽头或水体的边缘。可以想象地形对景观的决定作用和骨架作用	 峨眉山清音阁
2	空间作用	（1）地形具有构成不同形状、不同特点园林空间的作用。园林空间的形成，是由地形因素直接制约着的。地块的平面形状如何，园林空间在水平方向上的形状也就如何；地块在竖向上有什么变化，空间的立面形式也就会发生相应的变化。 （2）地形能影响人们对户外空间范围和气氛的感受。要形成好的园林景观，就必须处理好由地形要素组成的园林空间的几种界面，即水平界面、垂直界面和依坡就势的斜界面。 （3）水平界面就是园林的地面和水面，是限定园林空间的主要界面。对这种水平界面给予必要的处理，能增加空间变化，塑造空间形象。 （4）垂直界面主要由地形中的凸起部分和地面上的诸多地物组成，主要是由树木、建筑物等构成，它能分隔园林空间，对空间的立面形状加以限定。尤其是随着地形起伏变化的园林景观，往往可以构成一些复合型的空间，如园林空间的树林和树林下的空间，湖池中的岛屿和岛屿内的水池空间，假山山谷空间和山洞内空间等。 （5）斜界面是处于水平界面与垂直界面之间的过渡性界面，如斜坡地、阶梯路段等，有着承上启下，步步高升的空间效果	 水面、草坪、路、林下地面是水平面 园林地形空间界面

图名	园林景观地形的主要功能（一）	图号	YL2-1-1（一）

序号	分类	园林景观地形的主要功能	简明示意图
3	造景作用	（1）山地、坡地、平原与水面等地形类别，都有着自身独特的容易识别的特征。 （2）在地形处理中应尽情地利用具有不同美学表现的地形地貌，组成有起有伏、有合有分、千姿百态的峰、岭、峦、谷、崖、壁、洞、窟、湖、池、田野等不同风格的人造地形景观，这些美丽的地形有着各式各样的景观特色。 （3）峰峦具有浑厚雄伟的壮丽景观，洞谷的景色则古奥幽深，湖池则具有淡泊清远的平和景观，而溪涧则显得生动活泼、灵巧多趣。 （4）地形改造在很大程度上决定园林风景的面貌。园林工作者改造和设计新式的、独特的自然山水风光，所遵循的是大自然的山水地形、地貌形式的规律。 （5）在城市园林工程设计过程中，不是机械地模仿、照搬，而是进行认真的加工、提炼、概括，最大限度利用伟大祖国美丽、自然风光的特点，少量地运用土石方工程，在有限的园林用地中能够获得最好地形景观的效果	 在湖边造亭
4	工程作用	（1）地形因素在园林的给水排水工程、绿化工程、环境生态工程和建筑工程中都会起着至关重要的作用。由于地表水的流量、方向及速度都与地形有关，因而地形过于平坦时就不利于排水，容易积涝。而当地形坡度太陡时，水的流量就比较大，水流的速度也加快，从而引起地面受到冲刷和水土流失。所以，创造一定的地形起伏，合理地安排地形的分水和汇水线，使地形具有较好的自然排水条件，是充分发挥地形排水工程作用的有效措施。 （2）地形条件对园林绿化工程的影响作用，在山地造林、湿地植树、坡面种草和一般植物的生长等方面，有明显的表现。同时，地形因素对园林管线工程的布置建筑、道路的基础都存在着有利和不利的影响作用。 （3）地形还能影响光照、风向以及降雨量等，例如某区域要受到冬季阳光的直接照射，就要使用朝南的坡向；而要阻挡冬季寒风，则可利用突出的地形或者土坡等；在炎热夏天的园林绿地则可以利用地形来汇集和引导夏季风，达到改善通风条件、降低炎热程度的目的。例如：1999年在举世瞩目的"1999年昆明世界园艺博览会"上，由广东省送展的"粤晖园"一举夺冠，荣获"最佳展出奖"如图所示。 （4）地形因素在园林工程的造园中的作用和意义还有很多，例如，它能提供室外活动场地，能够满足园林内的交通需要，能够在风景区利用自然水力来发电，许多园林设计专家所创造的作品，能够成为美丽的地方传说、典故、神话等人文景观的载体等等	 广州市天河公园粤晖园

图名	园林景观地形的主要功能（二）	图号	YL2-1-1（二）

序号	分类	园林景观地形的主要功能	简明示意图
5	背景作用	各种地形要素都具有相互成为背景的可能。例如： （1）园林中的各种山体，就可以作为湖面、草坪、风景林、风景建筑以及各种雕塑、花园、广场等的共同背景。例如广州黄花岗七十二烈士纪念坊（见右图）置于"浩气长存"公园的最高位置。 （2）园林中的湖面，也可以作为湖边或岛上建筑物（例如房屋、桥梁、凉亭、楼阁、水榭、廊、雕塑等）、种植风景树的背景。 （3）覆盖着草坪的绿色地面，能够充分地为草坪上的雕塑、楼阁、各式各样的凉亭、风景树丛等提供优美的背景。 （4）高大的建筑物（例如各种奇特的宝塔、国内外具有民族风格的建筑等），其倒影映在湖面上，形成一种特定的相映成趣的景色。 上述各种现象都能说明，园林绿化地形的背景作用是多方面的。作为背景的各种地形要素，能够截留视线，衬托并呈现其前景和主景，使前景或主景能够得到最突出的表现，使景观效果更加生动、独特	 广州市黄花岗七十二烈士纪念坊
6	观赏作用	真正的园林景观地形，还可以很好地为广大游览者提供最佳的观景位置，或者能够创造最良好的观赏条件。例如： （1）广大游客站在坡地上或山顶上，能登高望远，去观赏伟大祖国辽阔无边、景致迷人的园林绿地，能使游客者回味无穷。 （2）站在绿色的草地、广场、湖池等平坦地形，可以使园林内部的立面景观集中地显露出来，能很好地让人们直接地观赏到园林整体的艺术形象。 （3）在湖边或岛屿的突出地段范围内，也能够尽可能地观赏到湖面、岛屿周边的大部分美丽景观，其观景的条件良好。 （4）狭窄的园林绿地、谷地等地形，则能够引导视线集中投向谷地的端头，使端头处的景物显得更加突出、更加醒目。 例如广州市荔湾湖公园最能体现南国优雅柔美风情，以湖为主的公园。这里是"一湾溪水缘，两岸荔枝红"的荔枝湾版图。由于水系不断拓展，蜿蜒的细川溪流已成河网纵错的恢宏走势，使荔湾河水涌向了白鹅潭江面，令繁喧的荔枝湾锦上添花，以至"荔湾渔唱"列入羊城八景之一。 总而言之，园林工作的设计、施工人员能合理地创造出园林绿地的地形，在游览观景中的重要性是十分明显的。园林绿地其真正的价值在于人与自然的交流，是人们欣赏自然和陶冶情操的场所	 广州市荔湾湖公园

图名	园林景观地形的主要功能（三）	图号	YL2-1-1（三）

<table>
<tr><td colspan="4" align="center">园林景观地形组成的要素</td><td align="right">表 2</td></tr>
<tr><td>序号</td><td>分类</td><td align="center">园林景观地形组成的要素</td><td align="center">简明示意图</td></tr>
<tr>
<td>1</td>
<td>丘山地貌</td>
<td>丘山地貌是指山地和丘陵地的地貌形态。这类地貌的变化与地表的切割情况相关，若切割深度在 20～200m 之间，断面坡度小于 5％时，是丘陵地形。切割深度在 200m 以上，断面坡度大于 5％的地形，则是山地地形。丘陵地形对于面积不是很大的园林来讲，地势的起伏度已经够大，园林造景比较方便，但要想开辟大面积水体则显得平地的面积不足，因此要求全面考虑，用最好的、最有利于开发建设的方法布置好这块园林绿地。例如：桂林芦笛岩风景区就是建筑在丘山上，她是桂林山水的一颗璀璨明珠，芦笛岩被人们誉为"大自然艺术之宫"，拥有大自然赋予桂林山水清奇俊秀的岩溶风貌</td>
<td align="center">
桂林芦笛岩风景区</td>
</tr>
<tr>
<td>2</td>
<td>岩溶地貌</td>
<td>在石灰岩广泛分布的地区，因为地表水对石灰岩的溶解、侵蚀、沉淀和堆积，构成了石灰岩地区特有的地貌形态，这种地貌被叫做岩溶地貌。岩溶地貌所构成的景观奇形怪状、千变万化，有孤峰、峰丛、溶洞、怪石等，观赏价值很高。在我国西南地区，岩溶地貌极其发育，"桂林山水"、"云南石林"、贵州织金县"织金洞"、四川九寨沟黄龙寺的"石灰华田"、乐山"大佛"等等，都是以岩溶景观名扬天下的著名风景旅游胜地。岩溶地貌本身就提供了丰富而又美丽的山水洞石等多种奇特的景观，一般不需要由园林工程来人工造景，因此园林中可以直接利用已有的景观就能满足要求。例如：武夷山中的"仙弈亭"建于隐屏峰山崖千仞峭壁上，由茶洞从峰南壁攀登即可登临，因峰峦方正如屏，故名隐屏峰</td>
<td align="center">
武夷山隐屏峰仙弈亭</td>
</tr>
<tr>
<td>3</td>
<td>平原地貌</td>
<td>对于平原的地貌，实际上是指流水地貌中水流域范围内平地部分的地貌。每当地表切割深度小于 25m 时，就可称为微分割的平原。平原地貌具有较开阔的视野特点，最大地、最有益地方便了风景名胜建筑的各种建设、各种园林场地的修建和多数园林植物的生长，也可以比较方便地开辟大面积的水体。然而这种地貌中没有现成的山景，必须通过大量的土方工程，由人工或者机械设备挖土堆山来制造出具有较高价值的秀丽山景。例如：天津水上公园茶室借景，茶室随湖岸布置，由于这里"芦苇茂盛、水禽栖息、自然天成、野趣横生"，景色风光如画、美丽动人，所以，水上公园是天津十大景观之一</td>
<td align="center">
天津水上公园茶室借景</td>
</tr>
<tr>
<td colspan="3"></td>
<td>图名 园林景观地形组成的要素（一）</td>
<td>图号 YL2-1-2（一）</td>
</tr>
</table>

序号	分类	园林景观地形组成的要素	简明示意图
4	海岸地貌	（1）海岸地貌一般是在海岸地带，比较陡而狭长，其泥沙海岸则比较平坦宽广。海岸地貌景观主要是由海浪冲击形成的海蚀地貌和由海水搬运作用或堆积作用造成的海积地貌组成。 （2）海蚀地貌的主要表现有：海滩、海岸沙堤、水下沙堤、离岸坝、沙嘴、连岛沙洲、海岸堆积阶地、珊瑚礁等等。利用祖国漫长的海岸地貌来建造园林，基本上是直接利用海景、岸景等自然景观。人类不仅可以开辟或者修建一些海上游泳场、沙滩排球场地、园路观景点、地方性的一些民族风格建筑物等，而且可以将全国各族人民风情民俗的建筑物集中到某一海滩地建立起来；同时，可以根据当地气候的实际情况，栽培一些海岸植物，使海岸景观达到园林化。 （3）例如杭州市玉泉山水园，自宋代开始，玉泉池中就放养 3 百余条数十斤重的大鱼。泉池变鱼池，观鱼忘观泉，似乎主从倒置，然而在造园艺术上未尝不可。玉泉观鱼，数百年来吸引着四方游客，并以"玉泉鱼跃"列为西湖十八景之一	 杭州市玉泉山水园
5	流水地貌	（1）流水是改造地表形态的主要自然力。由流水所造成的直接地貌形态常见有：山地、坡地、平地表面的雨裂隙、冲沟、坳沟、汇水沟、分水岭等，和与较大水流相伴随的河谷、峡谷、河漫滩、河曲、天然堤、河心滩、沙洲、蓄洪湖泊、蓄水水库、河流阶地、河口冲积扇、三角洲等。所以，流水地貌是园林绿地中常用的地貌形态。 （2）在园林绿地中，一般大都通过某些工程措施，利用挖掘机、装载机、推土机、运输机等现代化机械设备，制造出人工河、湖、溪、涧、池、沼、瀑布、泉等，对自然流水地貌加以整治，砌筑驳岸、修桥建亭、植荷种树，将地貌改造成为具有较高欣赏水平的园林化地貌。天然的山水需要进行加工、修饰、整理，人工开辟的山水要讲究造型美观。例如："拙政园"通过人工加工，借园外之北寺塔，使"拙政园"更加山清水秀、无比迷人。 （3）在我国少数地方的园林绿地中，偶尔也可能有其他地貌类型，例如四川贡嘎山海螺沟现代冰川公园的冰川地貌，甘肃敦煌石窟风景区周围的风沙地貌，黄土高原城市园林中的黄土地貌，云贵高原分布较多的石灰岩岩溶地貌等	 苏州网师园中的月到风来亭

图名	园林景观地形组成的要素（二）	图号	YL2-1-2（二）

序号	分类		园林景观地形组成的要素	简明示意图
6	地面分割要素	自然条件分割	地面上是由两个方向相反的坡面交接而形成一种线状地带，可构成分水线和汇水线。这两种分界线把地貌分割成为不同坡向、不同大小、不同形状的多块地面。各块地面的形状如何，取决于分水线和汇水线的分布情况。其他如冲沟、坳沟、汇水沟、分水岭、河谷、峡谷、河曲、河漫滩、天然堤、河心滩、悬崖和峭壁等带状水体或线状边沿，也对地面进行划分，在地形构成中占有重要地位，实际上也在起汇水线、分水线一样的作用。所以，分水线和汇水线就是自然地形的两种基本分割要素	 北海琼岛南坡建筑群
		人工条件分割	在园林绿地的山地丘陵和平地上，人工修建的园路、围墙、隔墙、排水沟渠等等，也将园林绿地分割为大小不同、坡向不同、坡度各异的各块用，这些也是一类地形分割要素，即人工分割要素。 例如，北京的北海公园琼岛是靠劳动人民堆出的一座山，琼岛延楼建筑群的兴建，作为清代皇家园林移植江南胜景的优秀个案，融汇镇江金山寺"紫金浮玉"之意象，扩充了"蓬莱仙境"的原型内涵，吸纳金山"寺包山"创作手法的佛教底蕴，与佛教"曼荼罗"图式相结合，塑造了琼岛北坡体现大一统意念的"众星拱月"象征景观	
7	平面形状要素		地表的平面形状是按各种分割要素进行分割而形成的。从地块的平面形状来说，东西南北的方向性是其平面要素之一。除了圆形场地外，正方形、长方形、三角形、椭圆形、扇形、条状、带状、多种形状的组合体组成的图案，以及各种大自然所形成的奇形怪状的地块，都有一定的方向性。 此外，水平方向上的具体尺度，也是地块平面形状的一种要素。地块的长短宽窄、大小斜直等形状，都由一定尺度来决定，其地块上的图案才有轮廓。例如：著名的佛香阁建筑群位于北京颐和园万寿山南坡中轴线上，面对昆明湖广大水域，拾级登临佛香阁平台，向南瞭望，玉泉山塔和秀丽西山景色尽收眼底，并以转轮藏、五方阁为俯借对象，佛香阁建筑群背山面水，兼有东、西两侧长廊和其他建筑组群之烘托物，气势极其宏伟，建筑群在构图上高低、大小、收放对比适宜，空间富有较强的节奏感。佛香阁面对的昆明湖又恰到好处地把这个画面全部倒映出来，山之葱茏，水之澄碧，天光接引，令人赏心悦目	 北京颐和园佛香阁

	图名	园林景观地形组成的要素（三）	图号	YL2-1-2（三）

序号	分类	园林景观地形组成的要素	简明示意图
8	坡度的形成 坡度要素	坡度是地表倾斜的程度，也是竖向地形的一种特征要素。不同坡向的地块，其地表都是倾斜的，而倾斜程度却可以有所不同。地面的倾斜程度就是坡度。坡度大，地面倾斜度大；坡度小，倾斜度小。例如：昆明西山"三清阁"就建在陡坡上，位于太华山南面罗汉山上，罗汉山北连美女峰、太华峰，南接挂榜山千仞峭壁，峭壁下是浩瀚滇池。三清阁九层十一阁建筑群高低错落，它高出滇池水面300多米，置身于此，真有"空中楼阁"飘渺之感。 园林在地形图上，一般用等高线来表示地形的竖向起伏变化，也同时表现了地面坡度的陡缓变化。等高线越密的区域，表示地表坡度越大；等高线越稀疏的地方，表示坡度越小、越平缓。地形图上相邻两条等高线之间的水平距离叫平距，垂直高度的差值叫等高距。一张地形图上只有一种等高距。地面的坡度（i）可根据地形图上等高距（H）和平距（L）的关系用公式：$i＝H/L$ 算出。地形图上的等高距是一个定值，是根据不同地貌和不同比例尺而确定的。下表是不同地貌条件下地形图所采用的比例。 不同比例尺的地形图比例尺 | 图纸比例	平地（m）	丘陵（m）	山地（m）
1：5000	1.0	2.0	5.0
1：2000	0.5	1.0	2.0
1：1000	0.5	1.0	1.0
1：500	0.5	1.0	1.0
1：100	0.25	0.5	0.5
1：50	0.25	0.5	—	 坡度与角度 在园林地形设计过程中，对地面竖向变化所建立的是坡度的概念。但在施工的过程中，则常常需要应用各种角度的空间概念。角度即坡面与水平地面的夹角，在测定地面标高和其他施工条件中常常用到。在一些城市公园中，往往没有现成的风景可利用，或有山林、水泊等造园条件，但景色平淡需要改造	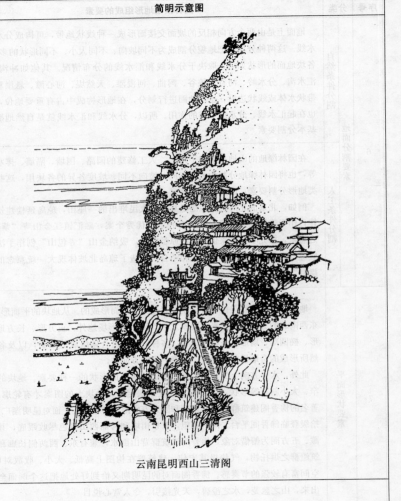 云南昆明西山三清阁

图名	园林景观地形组成的要素（四）	图号	YL2-1-2（四）

序号	分类	园林景观地形的类型与造景设计	简明示意图
1	园林绿地的平地与造景设计	园林绿地的平地一般指园林地形中坡度小于3%的比较平坦的用地。现代园林绿地中必须设计出一定比例的平地，以便于群众性的活动及风景游览的需要。 　　一般情况下，园林所需要平地条件的规划项目主要有：草坪与草地、园景广场、建筑用地、集散广场、花坛群用地、停车场、回车场、游乐场、苗圃用地、旱冰场、露天茶室、露天舞场、露天剧场及各种雕塑作品等等	
	对有山有水的造景	在有山有水的公园中，平地可以看成山地和水体的过渡地带。为了平缓地过渡，平地的坡度可按渐变的坡率布景，由坡地20%、10%、5%的坡度，至3%坡度直到临水体边时0.3%的缓坡，然后徐徐伸入水中。这种坡面渐变的处理没有生硬的转折，能够平顺舒展地从坡地过渡到平地和水面。这样的平缓地带可供许多人集体活动，也是许多人观赏风景的好位置	
	对平地挖湖堆山的造景	（1）在园林绿地地形的设计中，可以利用平地地形进行挖湖堆山，是营造园林山景和水景的常用处理方式。例如：北京的北海公园是我国现存历史最悠久、格局最完整的古代皇家园林，其琼华岛山顶白塔为整个北海园林中的制高点，这里完全是靠人工挖湖堆山而成，山南坡沿南北中轴线对称布局，堆云积翠桥南以团城对景，白塔高耸天际与远处的景山、故宫互为借景。 　　（2）平地的造景作用还体现在可用来修建花坛、培植草坪等。用图案化、色彩化的花坛群和大草坪来美化装饰地面，这样可构成园林中美丽多姿的、如诗如画的地面景观	北海公园琼岛春阴建筑群
	平坦地形与景观统一的造景	平坦的地形还可以作为统一协调园林景观的要素。它从视觉和功能方面将景观中多种成分相互交织在一起，统一成整体。 　　一般的平地中，景物比较多，容易产生前景遮掩后景的现象。经过空间分隔的处理，一块平地被分隔成几块小平地。这样，在一块小平地上看不到另一块平地，即使不统一的地方，也不能相互见到。因此，平地地形具有统一空间景观的作用，也容易协调和统一	 平地地形与景观的统一

	图名	园林景观地形的类型与造景设计（一）	图号	YL2-1-3（一）

序号	分类	园林景观地形的类型与造景设计	简明示意图
1	园林绿地的平地与造景设计	**平地有利于营造植物景观** （1）园林树木与草地植被在平地上可获得最佳的生态环境，能够创造出四季不同的季节景观。而如何形成合理的植物群落结构，也与地形有着不可分割的关系。 （2）一般的平地植物空间可分为林下空间、草坪空间、灌草丛空间等，这些空间形状都能够在平地条件下获得最好的景观表现。对地面的形状、起伏、变化等进行系列的处理，都能获得变化多端、扑朔迷离的植物景观效果。例如：杭州西泠印社是中国成立最早的著名印学社团，以篆刻书画创作、研究的卓越成就和丰富的艺术收藏在海内外久享盛誉，其山庭位于小孤山，围绕天然泉池所建之石室、亭、阁、经塔等，均采用自由式布局，手法优美。沿池岸石壁有雕像，面向西湖一侧的四照阁，凭窗可远眺妩媚的湖光山色。 （3）从地表径流的情况来看，平地的径流速度最慢，有利于保护地形环境，可以减少水土流失，维持地表的生态平衡。但是，在平地上要特别强调排水的通畅，地面要尽可能避免积水。 （4）为了排除园林地面的水，要求平地也应具有一定的坡度。坡度大小可根据地被植物覆盖和排水坡度而定。 （5）根据现场施工的经验：如若草坪坡度在 1%～3% 比较理想；花坛、树木种植在 0.5%～2% 之间；铺装硬地坡度宜在 0.3%～1% 之间	 杭州西泠印社山庭
	在湖水中造景	（1）园林建筑立意中十分强调景观的效果，突出艺术意境的创造，绝对不能理解为不需要重视建筑的功能，在考虑艺术意境的过程中，有两个最重要的基本因素必须结合进去，否则景观与意境就会是无本之木，无源之水。 （2）景观或意境不是彼此孤立的，在组景时需要综合地考虑。例如：在五光十色的湖中造景，会起到锦上添花的效果，著名的杭州"三潭印月"就是一例。"三潭印月"位于西湖中心，这是在宽广波涛的湖水中增添一道靓丽的景观，该景点主要由两座亭子连以曲桥而成。碑亭为单檐六角攒尖顶，碑刻有"三潭印月"题字。 （3）"三潭印月"的南面长亭为歇山顶，亭南设为水平台，可眺望浮于水面的石潭三座，每于月夜，倒影摇曳，景色十分迷人，使人心旷神怡	 杭州三潭印月

图名	园林景观地形的类型与造景设计（二）	图号	YL2-1-3（二）

序号	分类	园林景观地形的类型与造景设计	简明示意图

园林绿地中的坡度就是指倾斜的地面，倾斜的地面能使园林的空间具有较好的方向性和倾向性，能让设计者发挥更大空间的创造性与想像力。它完全打破了平地地形的单调感，具有明显的地形起伏变化，能很好地增加地形的生动性。坡地的园林绿地又因地面倾斜程度的不同，可以分为缓坡绿地、中坡绿地和陡坡绿地三种主要地形

（1）园林绿地的坡度一般控制在3%～10%之间，但是对于布置道路和建筑均不受地形的约束。对于缓坡绿地也可以作为活动场地、游戏草坪等的用地。

（2）用缓坡地来栽种树木作为风景林，树木都能生长良好。如若在缓坡地上成群成片地栽种色叶树种和花木树种，就能够充分发挥植物的色彩造景作用和季节特色景观作用。如栽植梅林、红叶李林、桃花林、红枫林、黄连木林、梨树林、樱花林、松柏林、竹林等，就能创造出一个美丽多彩的季节景观，并且能使这些树木有一个良好的生态环境。

（3）在缓坡地上建造园林绿地，还可以开辟面积不太大的园林水体。为减少土石方工程量的施工，水体的长轴一般应尽可能做到与坡地等高线平行，所谓真正能体现奇山奇水较好地融为一体。

（4）在缓坡园林绿地里若想开辟面积较大的水体，可以采用不同水面高程的几块水体聚合在一起的方法，尽量扩大水体的空间感。

（5）我国著名的旅游胜地——桂林山水风景区之一的"芳莲池"两岸，山水真正是秀丽多姿，令国内外无数游人流连忘返。"芳莲池"旁边就是有名的石钟乳岩洞——芦笛岩，她是桂林山水的一颗璀璨明珠，是一个以游览岩洞为主、观赏山水田园风光为辅的风景名胜区，洞内有大量奇麓多姿、玲珑剔透的石笋、石乳、石柱、石幔、石花，琳琅满目，组成狮岭朝霞、红罗宝帐、盘龙宝塔、原始森林、水晶宫、花果山等景观，增加无奇不有的神秘感，为游赏美丽的桂林山水做到了锦上添花。

（6）桂林市城市规划局为了将两个景点有机地结合为一体，既要遵照风景区总体规划符合游览功能要求，又要使整个风景区的环保达到理想条件，而后，按照环状游览路线来布置景点

序号：2
分类：园林绿地的坡地与造景设计 缓坡地形

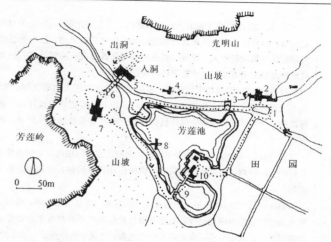

0　50m

1—停车场；2—餐馆、休息室；3—上山入口；4—山廊；5—建筑；
6—跨谷天桥；7—接待室；8—水榭；9—同甘共苦桥；10—冰室、亭

桂林芳莲池景区

图名	园林景观地形的类型与造景设计（三）	图号	YL2-1-3（三）

序号	分类	园林景观地形的类型与造景设计	简明示意图
2	园林绿地的坡地与造景设计	中坡地形	（1）园林绿地的坡度在10％～25％之间，高度差异在2～3m。在这种坡地上布置园路，都要做成梯道，布置建筑物时也必须设梯级道路。这种坡度地形的条件对修建建筑物限制较大，建筑一般要顺着等高线布置；即使这样，也还要进行一些地形改造的土方工程，才能修建房屋。 （2）对于园林绿地的中坡地形，不适宜占地面积较大的建筑群；除溪流之外，也不适宜开辟人工湖、池塘等较宽的水体。如若将植物景观设计在中坡地段也是可以的，既可以像缓坡地一样用植物造景，也可以营造绿化风景林，来覆盖整个坡地。 （3）当园林绿地的地形处于中坡时，比较适宜于利用此种地形条件来创造空间和组织空间序列，但是要受到园林景观的设计者有目的、有计划、有步骤的一定限制。 （4）而园林空间的限制与园内视野方面的限制是紧密相关的，通过改造园林绿地的地形或者组织游览路线，就能在园林景观中将风景视线顺序地导向某一特定的系列景点，从而形成一定的空间景观序列，使风景顺序地、一步步地展现出来，这就是通常所称的"步移景异"、"渐入佳境"、"引人入胜"的序列景观效果。当观赏者仅看到景物的一部分时，就能对其后续的部分产生好奇与期望。 （5）因此，园林绿地的中坡地形能够普遍地适用于许多造园情况。不仅可以把它用作土山的余脉、主峰的配景或者平地的外缘，也可以用来作为某景物的背景、障景或隔景，而且还可以用它组织园内交通，以防止游人随意地穿越园林绿地。 （6）园林绿地的设计者们要特别引起重视：在进行造园构图的时候，不但要注意地形的方圆偏正，而且还要注意地形的各种走向去势。 （7）设计构思者必须根据具体的地形条件，做出各种削高填低，尽可能少动或者不动土方，将坡地改造成有起有伏、弯弯曲曲的地形，种上一些奇花异草，使游览者如走进一个梦幻般的、仙境般的奇妙景观。例如：著名的苏州怡园"螺髻亭"就是建立在中坡的园林绿地上，怡园"螺髻亭"的左右都用人工加工而成景色，主要起衬托亭子的作用。该亭小巧玲珑、亲切近人，亭檐举手可触，亭周环以花卉，犹如美人拈花微笑，亭外池岸曲折，峰回路转，姿态万千，一切景物都回旋变化于咫尺	 坡地上递进的风景视线 苏州怡园螺髻亭

图名	园林景观地形的类型与造景设计（四）	图号	YL2-1-3（四）

序号	分类	园林景观地形的类型与造景设计	简明示意图
2	园林绿地的坡地与造景设计 / 陡坡地形	（1）当园林绿地的坡度在 25% 以上时则算为陡坡地，陡坡地一般难以作为活动场地或水体造景用地。若开辟活动场所，也只有是小面积的，且土方工程大。有如下几种情况： 1）当布置园林建筑时，则土方施工的工程量更大，建筑群布置要受到较大的限制； 2）当布置游览道路时，必须做成较陡的、具有一定艺术水平的梯步道路，施工的难度也随着坡度的增大而增大； 3）如若安排有一定交通能力的道路，则需要根据地形曲折盘旋而上，做成盘山道路，其施工的工程相当大，且又有施工难度。 （2）从地形的稳定性来看，陡坡地的状态不太好，因为其滑坡甚至塌方的可能始终都存在。因此，在陡坡地段的地形设计中要认真考虑到护坡的措施，例如采用挡土墙、采用锚杆加固或者表层喷射水泥混凝土等。 （3）在陡坡地段栽种树木较为困难，因为陡坡的水土流失非常严重，坡面表层薄，许多地段还是岩石露头处，种植树木是难以成活，要把树木种植处的坡面改造为小块的平整台地，或者利用岩石之间的空隙余地来栽种树木，而且所选择的树木必须以能够耐干旱的灌木种类为主。 （4）园林绿地在陡坡地形的上部时，适宜点缀少量占地不大的亭、廊、轩等风景性建筑物。在这种地形上，其视野开阔，观景条件好，所造景的效果很好。在进行小量的土方工程后，就可以把以小型建筑为主的坡地景点建设好。例如：桂林伏波山矗立于漓江西岸，巍然屹立、美丽壮观，山石脉络以竖直为主，"听涛阁"建成于半山，站在"听涛阁"内可俯借漓江烟云声浪。建筑轮廓高低起伏，阳台做大的悬挑，由栏杆、雨棚、房檐所构成的水平线条与山体形成对比，使建筑与伏波山结合得生动、自然。 （5）地形景观规划应对原地形充分利用和改造，合理安排各种地面的坡度和高程，使所在的山、水、植物、建筑、园林景观工程等满足造景的需要。同时，要使坡地能有良好的排水坡面，并能够有效地防止滑坡和塌方，同时又能创造出良好的、和谐的、平衡的园林生态环境	 桂林伏波山听涛阁

图名	园林景观地形的类型与造景设计（五）	图号	YL2-1-3（五）

序号	分类	园林景观地形的类型与造景设计	简明示意图
3	园林绿地的山地与石山山地的造景设计	山水是中国风景园林的主要结构	（1）任何一个园林绿地的山地都是利用原有的地形，进行适当的改造加工而成。只有在需要建造大面积人工湖泊的时候，才可能通过机械化挖湖堆山的方式，来营造人工加工的山；或者在面积不大的庭园中，利用自然山、石来堆叠构造人工的假石山。 （2）山地的坡度一般都很大的，根据坡度的大小，对于山地又可以分为急坡地和悬坡地两大类。急坡地的坡度为 50%～100%，而悬坡地则是地面坡度在 100% 以上的坡地。 （3）山水是中国风景园林的结构骨干，中国的园林从来就是有"无园不山，无园不水"之说。山地能很好地丰富园林建筑环境类型和建造条件。悬崖边、山洞口、山顶、山腰、山脚、山谷、山坡等山地环境，都可由点缀风景的建筑而形成如画的风景和园林化的环境。 （4）利用山地的山峰、悬崖、坡地的成景特点，运用其脉络性和方向性，组织有层次的复合空间，增加风景的层次感。 （5）园林景观中的坡地还可以利用山体和坡地的高差变化，来调节游人的视点，组织观景空间，为游客提供多角度、多视野的平视、仰视、俯视、鸟瞰、眺望等多种观景条件，多方位、多层次地展示园林绿地的雄、奇、险、秀、幽、奥、旷、古等自然风韵和山野风光。 （6）而园林建筑空间的组合，常用高低起伏的曲廊、折墙、弯曲的池岸等手法来化大为小，分隔空间，增添空间渗透与层次。在我国许多古典园林建筑中，设计人员均能巧妙地利用曲折错落的变化，来增加空间的层次，并且能取得良好的艺术效果。 例如：著名的苏州"拙政园"倒影楼水庭的空间层次处理得很不错，倒影楼水庭狭窄、长，为了避免东侧游廊呆板单调的轮廓线而构筑成高低起伏和曲折的波形水廊，由别有洞天入门游廊后北望景观，可得三个空间层次。如若从廊后之宜两亭俯视水庭则可以得到四个层次。 拙政园是大观园式的古典豪华园林，以其布局的山岛、竹坞、松岗、曲水之趣，被胜誉为"天下园林之典范"。与承德避暑山庄、苏州留园、北京颐和园齐名，该园是中国四大名园之首、全国重点文物保护单位、全国特殊游览参观点之一、世界文化遗产	 著名的颐和园景墙 苏州"拙政园"倒影楼水庭之空间层次处理

图名	园林景观地形的类型与造景设计（六）	图号	YL2-1-3（六）

序号	分类	园林景观地形的类型与造景设计	简明示意图
4	园林绿地的山地与石山的造景设计	**山地的石山的栽培** （1）山地和石山地的植物生存条件比较差，适于抗旱性能好、生命力强的植物生长。但是，利用悬崖边石壁上、石峰顶等等险峻地点的石缝石穴，配植形态优美的青松、红枫等风景树，却可以使欣赏者得到非常诱人的、犹如盆景树石般的艺术景观。这就是说山地的地形可以丰富园林植物的栽植条件和景观形式。 （2）石山上最为典型的是著名的风景区——山东的泰山、安徽的黄山等山顶、山脊上都有一些"迎客松"，给景区创造出了无限的生机。 （3）还有著名的旅游胜地——桂林七星岩普陀精舍的一组建筑位于普陀山北面山腰，巧据了山岩隐蔽之处，底部利用一大群山石，划入山门后的过渡空间和内部较大而幽隐的封闭庭园空间，这些庭园前、后、左右石缝内生长出来的各种树木也不错。 七星岩至今已有一百多万年的历史，是一段地下河道，在地壳运动后，河道上升，露出地面，成为岩洞。在漫长的岁月里，雨水沿洞顶不断渗入，溶解石灰石，并在洞内结晶，于是形成了现在人们见到的千姿百态，玉雪晶莹的石钟乳、石柱、石笋、石幔等	 桂林七星岩普陀精舍
	园林水体及其造景	（1）水体是园林的重要地形要素和造景要素，园林水体面积常常很大，有的甚至占了全园面积的 2/3。 （2）水景是园林环境空间中最重要的一类风景，许多园林中常以水为主题，因水而得景，充分利用水的流动、多变、透明、轻灵等特点，艺术地再现自然景色。 （3）用水来造景，动静相补、声色相衬、虚实相映、层次丰富，有水则景活，按自然景观形成、变化和发展的规律来营造水景，才能创造出生动自然的水景效果。 （4）按照景观的动静状态，园林水体可分为：河流、瀑布、喷泉等动态的水景和湖、池、水生植物等静态的水景两大类。 不同类别的园林水体，可分别适应于不同的园林环境，例如： 1）国内外许多大型园林广场上都布置了动态的水景——喷泉、涌泉等； 2）庭院环境中，可设观鱼池、壁泉等； 3）石假山的悬崖处，可布置瀑布和滴泉等； 4）幽静的林地、假山山谷地带，可设小溪和山洞等。例如苏州拙政园的"香洲"、怡园的"画舫斋"都是比较典型的实景	 苏州拙政园的"香洲"

图名	园林景观地形的类型与造景设计（七）	图号	YL2-1-3（七）

2.2 园林景观设计的基本原则

园林景观设计的基本原则与任务

表4

序号	分类		园林绿地竖向设计的基本原则与主要任务
1	竖向设计的基本原则	功能优先，造景并重	对园林景观进行竖向设计时，首先要考虑绿地地形的起伏高低变化能够适应各种功能设施的需要，特别是对建筑、场地等的用地，要设计为平地地形，对水体用地，则要调整好水底标高、水面标高和岸边标高等；对园路用地，则依山随势，灵活掌握，只控制好最大纵坡、最小排水坡度等关键的地形要素。同时注重地形的运用，尽量使地形变化适应造景需要
		利用为主，改造为辅	在园林用地的开发过程中，对原有的自然地形、地势、地貌要深入分析研究，能够利用的地形要尽可能地利用，做到尽量不动或者少动原有植被，以便于较好地体现原有地形与乡土风貌和地方的环境特色。在结合园林各种设施的功能需要，工程投资和景观需要等多方面综合因素的基础上，采取必要的有效措施，进行局部的、小范围的地形改造
		因地制宜，顺应自然	造园还应因地制宜，宜平处不要设计为坡地，不宜种植处也不要设计为林地。地形设计要顺从自然。景物的安排、空间的处理、意境的表达等都要力求依山就势、高低起伏、前后错落、疏密有致、灵活自由、就低挖池、就高堆山，使园林绿地的地形符合自然山水规律，达到"虽由人作，宛白天开"的境界。同时，也要使园林建筑与自然地形紧密结合，浑然一体，仿佛天然生就
		就地取材，就地施工	园林绿地的地形改造工程在现有技术条件下，是造园经费支出比较大的项目，如若能够在这方面节约资金，其经济意义是很大的。其中就地取材无疑是最为经济的做法。自然植被就是直接利用建筑所用的石材、河沙、土等的就地取材，都能够节约大量的经费。因此，园林绿地的地形设计中，要优先考虑使用现有的天然材料和本地所生产的材料
		填挖结合，土方平衡	地形竖向设计必须与园林总体规划及建设项目的设计同步，不论规划还是竖向设计中，要考虑地形改造中的挖方工程量和填方工程量基本相等，要使土方平衡。当挖方量大于填方时，坚持就地平衡，在园林内部堆填处理。当挖方量小于填方量时，坚持就近取土，减少工程开支
2	园林竖向设计的主要任务	确定园林坡度与标高	根据市政园林施工规划要求，确定园林中道路、场地地标和坡度时，应当使之与场内建筑物、构筑物的有关标高相适应，使场地标高与道路连接处标高相适应。在确定园林绿地原有地形的各处坡地、平地标高和坡度是否适应时，如不能满足要求时，则应确定相应的地面设计标高和场地的整平标高
		园林竖向设计	在园林景观的设计过程中，如若应用设计等高线法、纵横断面设计等，对园林内的湖区、石山区、雕塑区、土山区、草坪区等进行改造地形的竖向设计，使这些区域的地形能够适应各自造景和功能的需要
		确定排水系统	在园林绿地设计过程中，还要设定园林各处场地的排水组织方式，确定全园的排水系统，保证全园排水通畅无阻，保证园林绿地的道路、地面不积水，同时也应能够经受山洪的冲刷
		确定土石方	在计算园林景观的土石方的工程量、进行设计标高的调整时，要尽量使挖方量和填方量接近平衡，并做好挖、填土方量的调配安排，尽量使土石方工程总量达到最小。根据排水和护坡的实际需要，合理配置必要的排水构筑物，如截水沟、排洪沟渠和挡土墙、护坡等，使园林景观内建立一套完整的排水管渠系统

	图名	园林景观设计的基本原则与任务	图号	YL2-2-1

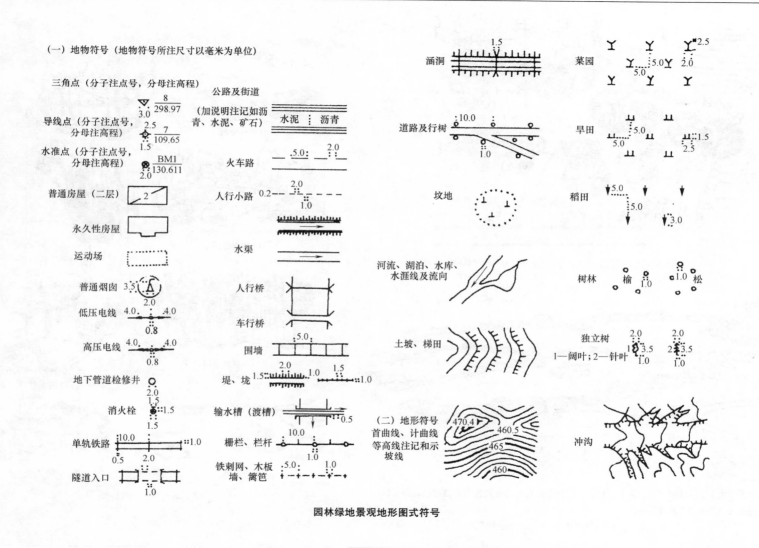

园林绿地景观地形图式符号

图名	园林景观地形图式符号	图号	YL2-2-2

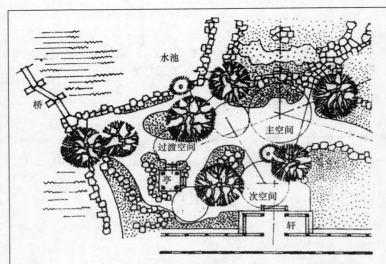

（A）景观空间的划分与组合——苏州怡园空间分析

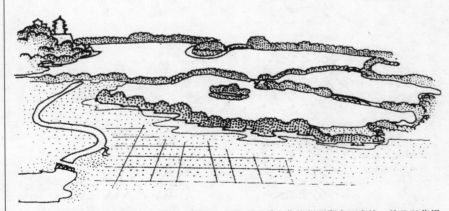

北京玉泉山东望颐和园湖面，从水面的空间划分可以看出仿杭州西湖水面意境。并且以苏堤、白堤划分水面空间多层次复合空间。

（B）景观空间的划分与层次——颐和园昆明湖

（a）开阔空间

（b）夹景空间

（c）亲密空间

（d）峡谷空间

（e）林荫空间

（f）清凉空间

（g）洲岛空间

（h）山屿空间

（C）景观静态空间类型

图名	园林景观设计组景的表现手法	图号	YL2-2-3

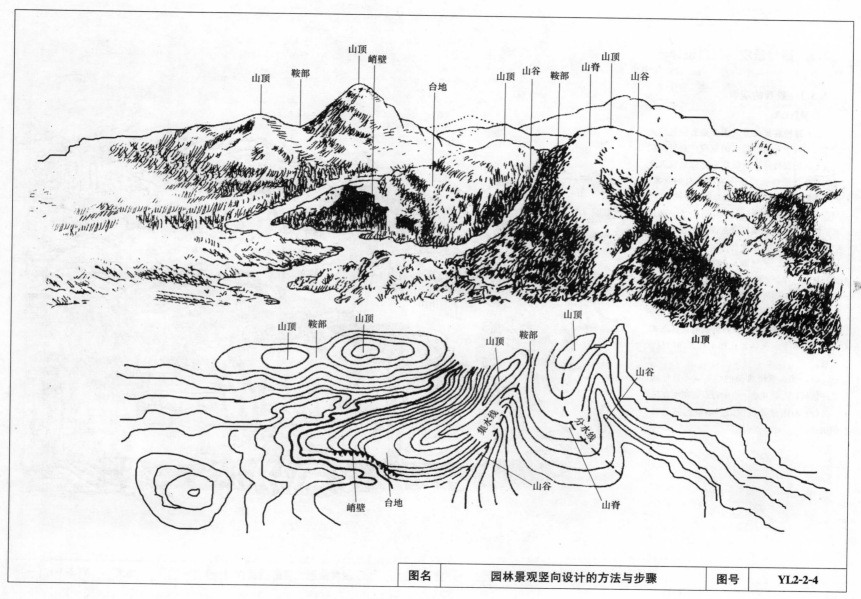

| 图名 | 园林景观竖向设计的方法与步骤 | 图号 | YL2-2-4 |

2.3 园林景观的创意设计

2.3.1 景观的观赏

1. 举目远眺

（1）这种赏景的方式主要是适应远距离的赏景和对于大范围景区的览视，它可以扩大每个人的视野，并能很好地提炼景观天际轮廓，常常能够获得整体风格特有的景象，更加能使景观的欣赏对象成为景观记忆。

（2）在日常的赏景过程中，主要是通过对景物外部轮廓的画面欣赏而引起游览者真切的感受。例如：在观赏山景时，一般都是从高处、远处、平视等几个角度和方位去观景，只有这样，才能全面地捕捉到变化多端、无所不有的景观效果。

（3）任何一种景物都是离不开具体的轮廓与形态，如果是进行举目远眺的观赏方式，就会产生水平的天际景观和垂直方向的层次景观。

（4）景观意境典例的特征：举目远眺，景序依依，人景互动，景中有景、花中有花。

（5）右图就是常说的"举目远眺景观"的实例

图名	园林景观设计的观赏性（一）	图号	YL2-3-1（一）

2.“登高望远”的鸟瞰景观

（1）古代就有楼台观市的习惯，而今天则有登高望远，无论是观日出，或是看云海，还是赏乡野之景，登高鸟瞰全景纵览，美景尽收眼底，享受祖国大好河山的美景。

（2）许多画家在画中国画时，绝大多数采用鸟瞰画景之法，采用散点透视，盖以大观小，将真山真水缩于咫尺天涯，使景观从不同的角度，产生其不同意境。画家们虽然是寥寥的数笔，可是其意境深远，其效果特别显著。

（3）“登高望远”景观意境典例为证：

常说的“登高鸟瞰，俯视全局，吟诗抒情，心旷神怡”，这是我们祖先和现代人观赏景观所谓“触景生情”表达的主要方法。

（4）如图所示，即展现其“登高望远”的鸟瞰景观

"登高望远"的鸟瞰景观示意图

图名	园林景观设计的观赏性（二）	图号	YL2-3-1（二）

3. 环视览景

（1）环视览景是常用的一种能满足以静观为主的观赏方法。当视线在环扫四周时，犹如拍电影中环摇摄像镜头，随着视线的横向移动，移步观赏景观，各式各样的景象一个接一个地徐徐展现在面前，能使每个游览者能够获得大范围的景物画面。

（2）如何选择这类美丽的观赏点呢？主要取决于每位游览者各自的欣赏水平和观景要求。因为其景观徐徐在游览者的眼前展现，犹如中国画的手卷渐渐散开，会有许多可供观赏的内容，特别是行进中的左顾右盼，会获得更多更好的景观画面。

（3）右图所示为中国典型的"环视览景"的景观意境，它能很好地表现出"环视览景，气韵生动，开开合合，景象无穷"的美丽画景

"环视览景"观赏园林景观示意图

| 图名 | 园林景观设计的观赏性（三） | 图号 | YL2-3-1（三） |

50

"借景抒情"观赏园林景观示意图

4. 借景抒情

（1）一般景物的鲜明形象，往往会给人以浓郁的主观感受，并能很好地激起感情抒发的强烈愿望。所谓"景生情，情咏景"，指的就是相互作用，不断深化，逐渐向情景交融的方向发展。

（2）对游览者来说，可以在"观景"和"赏景"的过程中，能很好地陶冶情操，享受大自然赋予人们的优美环境，可以达到"人寿年丰"的目的。

（3）"借景"是不受任何空间限制的，有远借、近借、仰借、俯借等形式。事实上许多名园佳景，往往来自借景手法的巧妙运用。

（4）"借景"实际是指借园外景物的联系，如借峰峦、建筑、花木、飞鸟及云彩等。陶渊明诗："采菊东篱下，悠然见南山"，南山就是借景。

（5）"借景"又是一种"这山"借"那山"之景的概念，也是一座绿色山景对面而峙眼前是一江春水荡漾，山际飘然，林木纵深，好一幅天然画卷，让游览者感受到景的深邃，意境的博大。

（6）左图所示就是一幅典型的"借景抒情"，即"远山相借，似分似离，虚虚实实，景象多姿"

图名	园林景观设计的观赏性（四）	图号	YL2-3-1（四）

5. 触景生情

(1) 人们在赏景时能得到最大的享受是"触景生情"，这就是说在享受祖国的大好河山美景时，往往会激发人们对景物的联想。

(2) 景观是具有个性的艺术空间，优美的景色，深邃的意境，无心人是不能体验和领受得到的。要将其情感全部贯注其中，并且运用联想和想像的思维把景观与生活联系起来，随着景物的不断变化，感情的跌宕起伏，使游览者仿佛进入了"画中画，景中思"。

例如，在 20 世纪 80 年代中期，广东省一位游览者到四川乐山参观，由于心中始终有"佛"，并全心全意地投入乐山这美好的景观之中，所以他在远处仔细观赏"乐山大佛"时，竟然触景生情地发现了"乐山大佛"整座山是一个男性的"大睡佛"，这一伟大的发现惊动全世界，更加吸引成千上万的中外游览者前来观赏佛教界美丽的风光。

(3) 景观的美来自于生活和艺术，观景与联想是紧密联系在一起的，景观在吸引游览者的同时，并能诱发联想的功能，由此可让人们把观赏景物和抒发情怀紧密联系起来，达到情景交融的意境。

(4) 左图所示是一种很典型的"触景生情"景观意境：即"触景生情，浮想联翩，景因人异，思绪万千"

"触景生情"观赏园林景观示意图

图名	园林景观设计的观赏性（五）	图号	YL2-3-1（五）

6. 翘首仰观

(1)"翘首仰观"指对高远景物的观赏，会获得主体突出、雄伟壮观的景象效果。由古诗"日照香炉生紫烟，遥看瀑布挂前川，飞流直下三千尺，疑是银河落九天"，可以想像伟大诗人李白"翘首仰观"当时的神情与胸怀。

(2)要理解"翘首仰观"的观景之法，首先应多读一些散文和我国古代的诗词，然后多看看中国的各种画，这样从中可以启迪我们观赏景观的角度，以提高我们的艺术修养和艺术鉴赏能力。

(3)当然，单纯靠读诗看画是远远不够的，还要注意知识面的拓展，学习美学知识、历史知识，甚至还要学习园艺知识和戏曲知识（例如京剧、昆曲、越剧、川剧等），还应懂得我国古典建筑造型及其特征等。文化艺术是相通的，其知识越广泛，生活也越丰富多彩，景观创意才会深刻，审美的水平才能提高。

(4)右图所示是一种较典型的"翘首仰观，云天相接，日月星辰，天人合一"的美丽景色

"翘首仰观"观赏园林景观示意图

图名	园林景观设计的观赏性（六）	图号	YL2-3-1（六）

2.3.2 景观的立意与造景

景观创意的内涵来源于古典园林造园艺术的启迪，在景观环境的创意中，可以将山石、植物、水体配置在亭、台、楼、阁、花架、走廊边，使建筑与环境融为一体。并可利用自然山水构成水中有岛，岛中有林，达到水景交融的景象。

1. 虽由人作，宛自天开

(1) 景观布局，十分讲究疏朗与紧凑，体现近景、中景、远景三个层次，方可构成许多曲折富有变化的空间效果。

(2) 在园林景观的创意中，常以假山、花木、景廊、景墙等掩挡视线，并以水面延伸拓展景区画面，使景物显示出层次与变化，因天论时，因地塑景，因人表色，往往通过时空分析，可以达到天地人和之雅境。

(3) 右图所示为典型的"虽由人作，宛自天开"的山景景观、沿河景观、市中心景观、古典建筑景观等

(a)   (b)

（A）山景景观

（B）沿河景观

（C）市中心景观

（D）古典建筑景观

图名	园林景观设计的立意与造景（一）	图号	YL2-3-2（一）

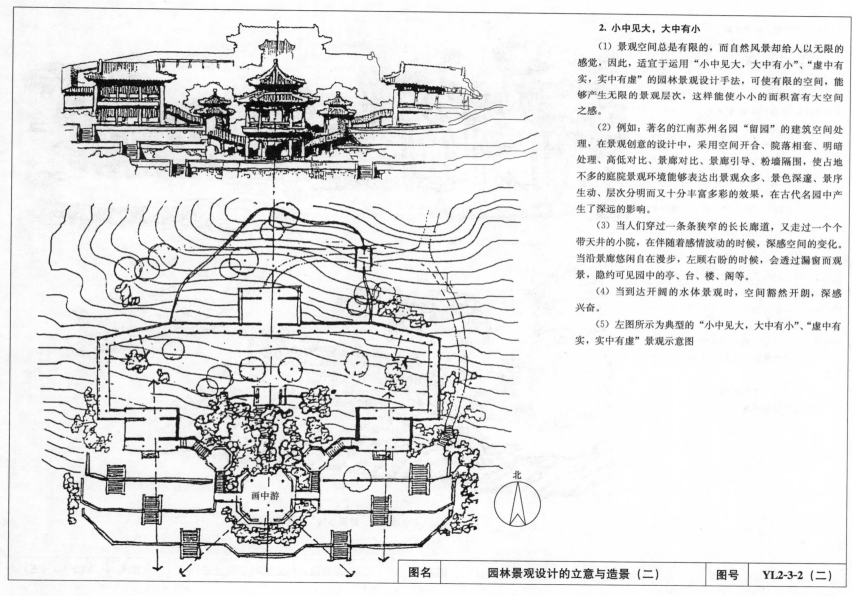

2. 小中见大，大中有小

（1）景观空间总是有限的，而自然风景却给人以无限的感觉，因此，适宜于运用"小中见大，大中有小"、"虚中有实，实中有虚"的园林景观设计手法，可使有限的空间，能够产生无限的景观层次，这样能使小小的面积富有大空间之感。

（2）例如：著名的江南苏州名园"留园"的建筑空间处理，在景观创意的设计中，采用空间开合、院落相套、明暗处理、高低对比、景廊对比、景廊引导、粉墙隔围，使占地不多的庭院景观环境能够表达出景观众多、景色深邃、景序生动、层次分明而又十分丰富多彩的效果，在古代名园中产生了深远的影响。

（3）当人们穿过一条条狭窄的长长廊道，又走过一个个带天井的小院，在伴随着感情波动的时候，深感空间的变化。当沿景廊悠闲自在漫步，左顾右盼的时候，会透过漏窗而观景，隐约可见园中的亭、台、楼、阁等。

（4）当到达开阔的水体景观时，空间豁然开朗，深感兴奋。

（5）左图所示为典型的"小中见大，大中有小"、"虚中有实，实中有虚"景观示意图

画中游

北

| 图名 | 园林景观设计的立意与造景（二） | 图号 | YL2-3-2（二） |

3. 水路相依，路回水转

（1）景观艺术妙在含蓄。景园的道路多为曲折，路直显得平淡而无味，路曲添情趣。景园的水面大时，多为内向弧线设计，也可以为葫芦形平面布局，水面窄处可以跨过，水面宽处可设曲桥。若水面小，多为集中处理。

（2）从《红楼梦》中所描写的园林景观艺术中，可以深深地感受到，进入大观园的大门后，由小道前行，便可见一池，池中一亭被屏障遮挡，而不可一览无余。

（3）大观园中一些屏障是叠石而成的外形离奇的假山，或像老人家，好似猛兽，或三五成群，纵横垒叠。穿过假山小径，步入石洞，但见佳木葱茏，奇花烂漫，一股清流从花木的深处倾泻于石隙之下；如果再漫行数步，两边飞楼穿插，钩心斗角，雕梁绣槛，妙不可言；如若俯而视之，只见园林中的清溪泻玉，石磴穿云，以白石为栏，环抱池沼，顿感景观形态多姿，意境表达宜人。由此可见，文学中的景观是对现实生活空间的表现与提炼。

（4）右图所示为典型的"水路相依，路回水转"美好景观图例

"水路相依，路回水转"园林景观示意图

| 图名 | 园林景观设计的立意与造景（三） | 图号 | YL2-3-2（三） |

4. 布局有度，穿插渗透

（1）我们发现在大多数的环境景观中主要是靠山、池、树、各种小品（如雕塑等）与房屋的空间组合而成，并且使各空间有开有合，相互穿插渗透而成。

（2）造景创意往往是内部空间通过门、窗、廊达到互相流通，并以虚实明暗作对比。外部空间则用石、山、树、池，进行有限的划分，组织大小不同的空间，并由亭、廊等建筑物穿插组合，相互流通，构成丰富多彩的环境景观。

（3）建筑的空间总是有限的，而景观环境却给人以"无限"的感觉。正如国画家们常说的"山水之要，宁空勿实，章法位置要有灵气往来，不可窒塞"。

（4）所以常采用疏与密，虚与实的手法来描述园林景观，都是为赏景而设。不同游览者有不同的文化修养，有不同的情怀，有爱高山峻岭的，愿登山而去；有爱皓月清波的，愿倚栏观月；有爱清静儒雅的，愿席地而坐赏月。

（5）右图所示为典型的采用"布局有度，穿插渗透"，通过各透视点的手法来表达各优美的环境景观

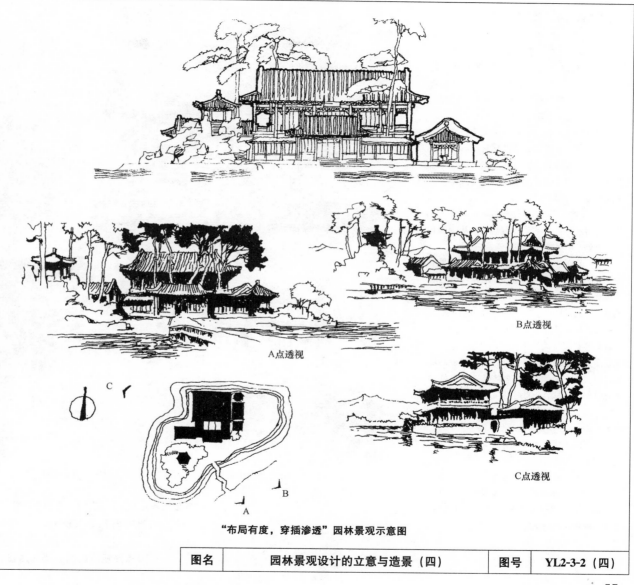

A点透视

B点透视

C点透视

"布局有度，穿插渗透"园林景观示意图

图名	园林景观设计的立意与造景（四）	图号	YL2-3-2（四）

5. 额联点景，引人入胜

（1）我国古代造园者善于运用书法艺术来美化景观，建筑上常用匾额、对联等作为装饰。其匾额、对联等不仅起装饰作用，而且借景抒情，画龙点睛，导引游人，为景园增色。当然，景园题景要恰如其分，只有巧名点景，才能充分表达诗意和画意。

1）如苏州名景留园某一园门上题景为"又一村"，本来游客到此已感甚累，正准备休息，但一看题景，顿时精神突起：园内还有什么样的美妙景色呢？其题名诱导游客，进入此园门再观下一景区。

2）又如苏州名园的拙政园留听阁匾题诗为"留得残荷听雨声"，如此题名，从观景上升到听景，使风景更富有诗意。

（2）然而景园中的匾额、对联上的题字也不能用得过滥，以免雷同。应体现园内的景观意图和形态象征，以及表现出建筑与环境本身的艺术性。

（3）景观设计创意应富有诗情画意，设计者应具有较高的艺术修养，通过匾联、诗文以及某些建筑的造型设计，将理想中的境界加以渲染扩大，使游览者能够产生多样的文化追求。有时结合当时环境而创造出松风听涛，菰蒲闻雨，月移花影，雾失楼台等自然的意境。

（4）但应注意景观设计创意时，额联点题要明确，景象塑造要相符。如听风要有松，听涛要有水，听雨要有蕉与荷，观花影要有月下粉墙。安排一草一石，都应寄予丰富的诗情画意，巧用诗文点景，使之处处有情，含蓄，曲折，回味无穷

(a) 香洲

(b) 荷风四面亭

(c) 梧竹幽居

(d) 倒影楼

"额联点景，引人入胜"园林景观示意图
（苏州拙政图中几处景观）

图名	园林景观设计的立意与造景（五）	图号	YL2-3-2（五）

2.3.3 景观构思与造型

对于典型的园林景观设计，古今中外都必须具备科学性与艺术性两个方面的高度统一，既要满足景观造型的主体风格，又要通过艺术构图的原理，体现个体与群体的有机联系。设计个体时不失群体的控制，规划总体时不忘个体的造型。在对整体与个体的景观构图时，应充分体现形式风格统一原则。

1. 构图与布局

（1）对称式：园林景观设计可以采用对称式的形式，它能较好地体现出雄伟、壮观、严肃、均衡的气氛。对称构图形式主要表现为，一个主体和两个或多个配体的构成。主体部分位于中轴线上，其他配体从属于主体。功能上较为对称的布局，要求环境景观设计也要围绕轴线对称。

右图所示是广州市中山纪念堂的建筑，是一个典型的对称式建筑风格。

（2）非对称式：园林景观设计也可以采用非对称式的形式，这样比较自由活泼，景观主从结合可以灵活布局，不强调轴线关系，功能分区宜划分多个单元，可以使主体环境景观形成视觉中心和趣味中心，并不强求居中。注意，非对称景观设计应结合地形，自由布局，顺其自然，强调功能。

下页图所示是苏州拥翠山庄的建筑，是一个典型的非对称式建筑风格。此园无水，但依凭地势高低，布置建筑、石峰、磴道、花木，曲折有致，又能借景园外，近观虎丘，远眺狮子山，是在风景区中营建园林的一个较成功的实例

广州市中山纪念堂

图名	园林景观设计的构思与造型（一）	图号	YL2-3-3（一）

59

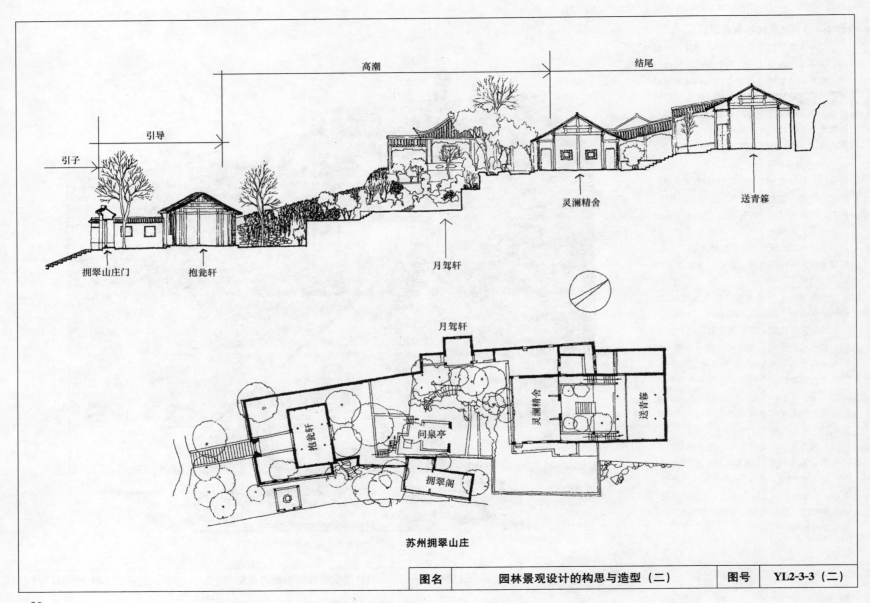

引子

引导

高潮

结尾

拥翠山庄门

抱瓮轩

月驾轩

灵澜精舍

送青簃

月驾轩

抱瓮轩

问泉亭

拥翠阁

灵澜精舍

送青簃

苏州拥翠山庄

| 图名 | 园林景观设计的构思与造型（二） | 图号 | YL2-3-3（二） |

2. 色彩与对比

（1）色彩的处理：在园林景观
的设计中，还应注意统一色彩基
调，注重色彩的地方性表达、民族
性表达以及重点处理的色彩表达。
例如：用植物烘托建筑景观，创造
"万绿丛中一点红"的意境，其中，
基调色彩为绿色调，点状的红色为
景观重点表达。

右图所示为广东省清代四大名
园之一"余荫山房"，其屋顶的形
式统一。

（2）对比的手法：在园林景观
的设计中，也应注重主景与配景的
对比，主景为主体，占主导视觉地
位；配景为从属，其体量不可过
大。例如大园与小园的对比，大园
气势磅礴、开敞、通透、深远，景
观内容繁杂；小园封闭、亲切、曲
折，景观内容显精雅。大园强调建
筑景观组景，小园强调环境景观
多样。

右图所采用"藏而不露"、"缩
龙成寸"的手法，从而形成了一座
布局精细、小中见大，具有江南式
风格特点的园林景观

广东省清代四大名园之一"余荫山房"

图名	园林景观设计的构思与造型（三）	图号	YL2-3-3（三）

3. 统一与格调

（1）形式统一：在建筑景观设计中，屋顶形式是表达风格的主要内容之一，其他如雕花门窗、油漆彩画、绿地环境等均应统一在建筑的主体风格内，以做到整体上把握风格形式，个体上把握局部特征。右图是著名的苏州留园中"林泉耆硕之馆"，该馆生动地体现我国古代木匠的工艺水平。

（2）材料统一：景观环境中的内容是多样的，应将这些内容按主景风格进行材料选择的设计，这些主景内容的材料尽可能统一，例如，亭子的顶部材料统一用琉璃，假山叠砌统一采用湖石或黄石，园灯用同一风格形式，桌凳造型用统一仿木桩等。

（3）线条统一：在园林景观设计中，必须注意建筑形态的统一，例如假山形态的统一，应以材质和大小论之；水体形态的统一，应以水面的收与放论之。因此，要注重景观整体造型上的线条统一，同时还应注重景观对象的细部处理，应与主体景观和谐。下页所述图为南京市名胜古迹之一的莫愁湖公园平面示意图。

YL2-3-3（六）是典型的线条统一示范图

著名的苏州留园中的"林泉耆硕之馆"

图名	园林景观设计的构思与造型（四）	图号	YL2-3-3（四）

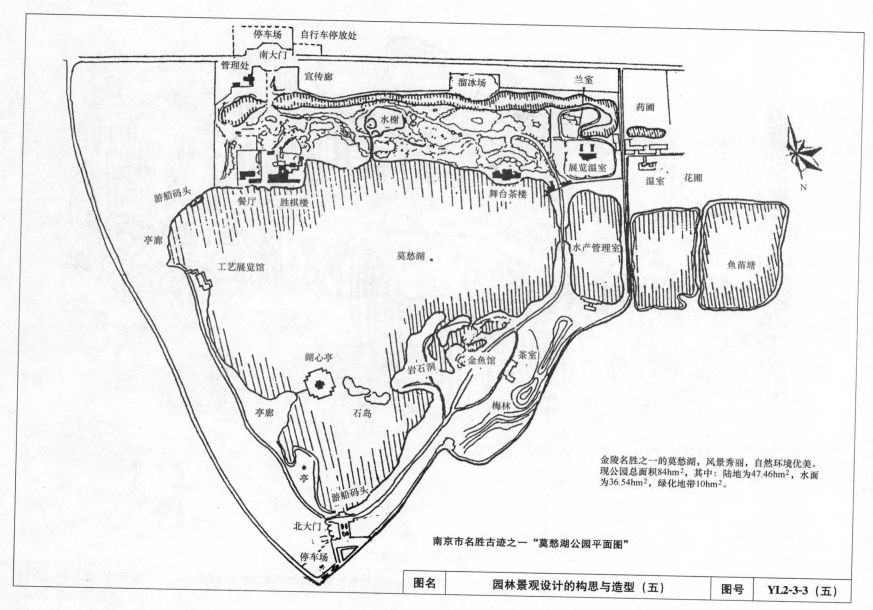

停车场　自行车停放处
南大门
管理处　宣传廊　溜冰场　兰室
药圃
游船码头
亭廊
水榭
展览温室
温室　花圃
舞台茶楼
N
餐厅　胜棋楼
工艺展览馆
莫愁湖
水产管理室
鱼苗塘
湖心亭
岩石洞　金鱼馆　茶室
亭廊
石岛
梅林
亭
游船码头
北大门
停车场

金陵名胜之一的莫愁湖，风景秀丽，自然环境优美。现公园总面积84hm²，其中：陆地为47.46hm²，水面为36.54hm²，绿化地带10hm²。

南京市名胜古迹之一"莫愁湖公园平面图"

图名	园林景观设计的构思与造型（五）	图号	YL2-3-3（五）

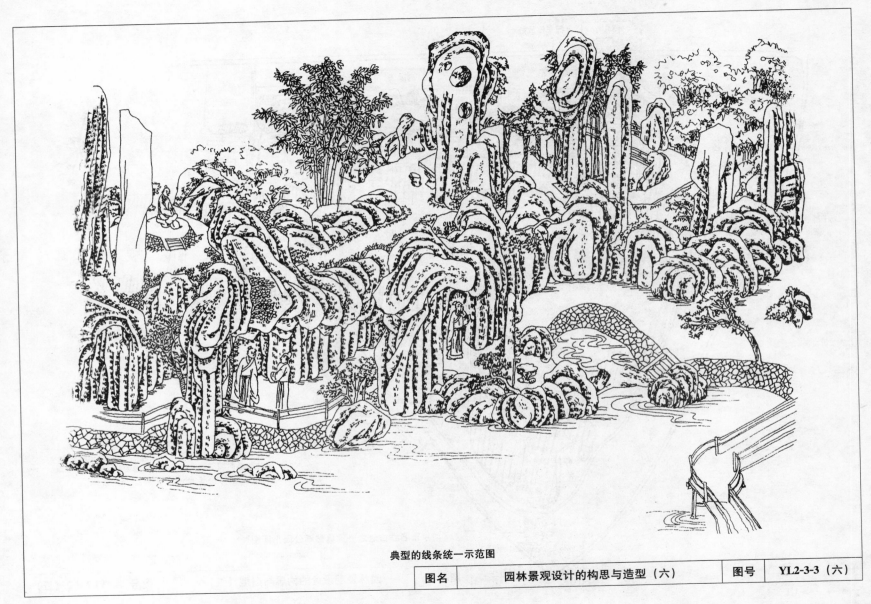

典型的线条统一示范图

| 图名 | 园林景观设计的构思与造型（六） | 图号 | YL2-3-3（六） |

4. 气韵与节奏

（1）气韵与景观：中国画是十分讲究气韵，有气韵方可出神采，园林景观设计创意很重要一条就是对设计中气韵的把握。也就是说，只有把握气韵的设计特点，所设计的成果才能表达出形式和意境美，达到构图宜人，形能达意，态势生动，空间有序等。例如，水的气韵是随着水的流动速度和水的落差高度而表现出不同。

右图是广州市十九路军抗日烈士陵园照片图，其设计规模宏伟，体现了景观与气韵的生动感。

（2）节奏与景观：节奏的基础是排列。排列的密与疏，犹如中国画中的白与黑。若有良好的排列，就会具有良好的节奏感，有良好的节奏感，就会产生合拍的波动感，这种波动无论体现在建筑景观或植物景观上，都可使设计对象具有活力和吸引力。例如，建筑群屋顶形式的重复和走廊中柱子的重复，均体现了景观中的节奏和韵律。如"广州起义烈士陵园"，见下页图（A）所示。又如"东征烈士陵园"是纪念广州黄埔军校师生两次东征战役中牺牲的烈士，见下页的图（B）；广州黄埔军校如下页图（C）所示

广州市十九路军抗日烈士陵园

| 图名 | 园林景观设计的构思与造型（七） | 图号 | YL2-3-3（七） |

（A）广州起义烈士陵园

（B）东征烈士陵园

（C）广州黄埔军校

图名	园林景观设计的构思与造型（八）	图号	YL2-3-3（八）

5. 比例与尺度

（1）园林景观的比例："比例"是指园林景观在形体上具有良好的视觉关系，其中既有景观本身各部分之间的体块关系，又有景物之间，个体与整体之间的体量比例关系。这两种关系并不一定用数字表示，而是属于人们感觉上、经验上的审美概念。和谐的比例可以引起美感，促使人的感情抒发。

在园林景观设计中，任何组织要素本身或局部与整体之间，都存在某种确定的制约及比例关系。这种比例关系的认定，需要在长时间的景观设计实践中总结和提高。古代遗留下来的许多古镇街道、民居院落，都是我们认真学习和研究的样板，特别是亲情、人情、乡情为我们点明了以人为本的景观创意理念，合理地把握它们之间的比例关系，对景观创意有着直接的指导意义。例如：古代四合院的设计，揭示了许多良好的、具有浓厚人情味的比例关系，它表现在院子与院子之间，正房与厢房之间，植物与建筑之间，人与建筑及植物之间等等。如右图中所示北京可园环境景观鸟瞰图。

（2）景观尺度：尺度是指人与景物之间所形成的一种空间关系，这种特殊的空间关系，必须以人自身的尺度作为基础，环境景观的尺度大小，必须与人的尺度相适应，这在景观创意中是非常重要的。这种概念就是以人为本，强调传统文化中具有亲和性的人文尺度。下页图所示为苏州名园"网师园"中的从月到风来亭望对面的射鸭廊等一组景物时的效果图，非常显著

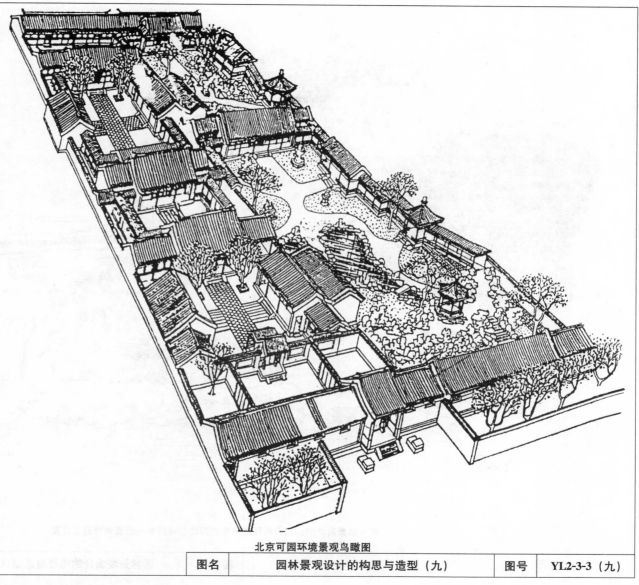

北京可园环境景观鸟瞰图

图名	园林景观设计的构思与造型（九）	图号	YL2-3-3（九）

苏州名景网师园：从月到风来亭望对面的射鸭廊等一组景物时的效果图

| 图名 | 园林景观设计的构思与造型（十） | 图号 | YL2-3-3（十） |

2.4 园林景观平面图设计实例

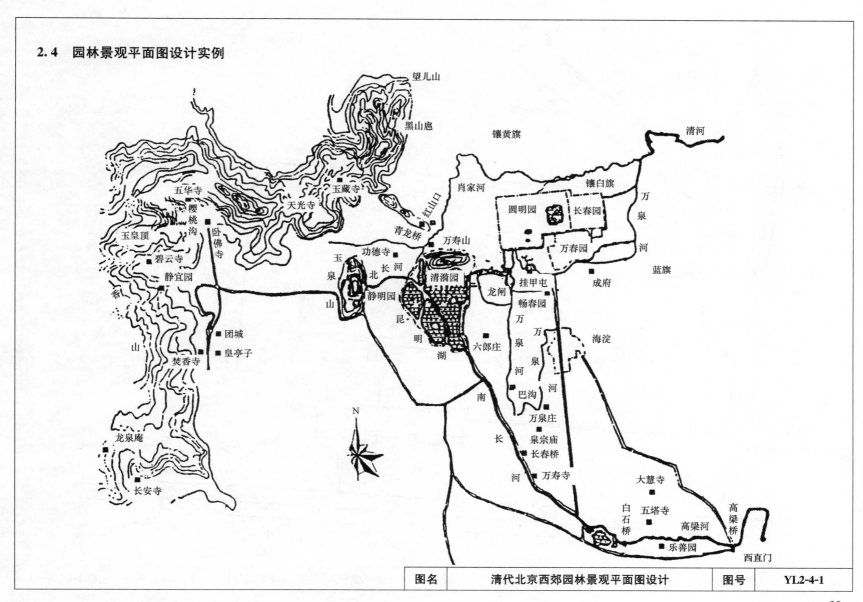

图名	清代北京西郊园林景观平面图设计	图号	YL2-4-1

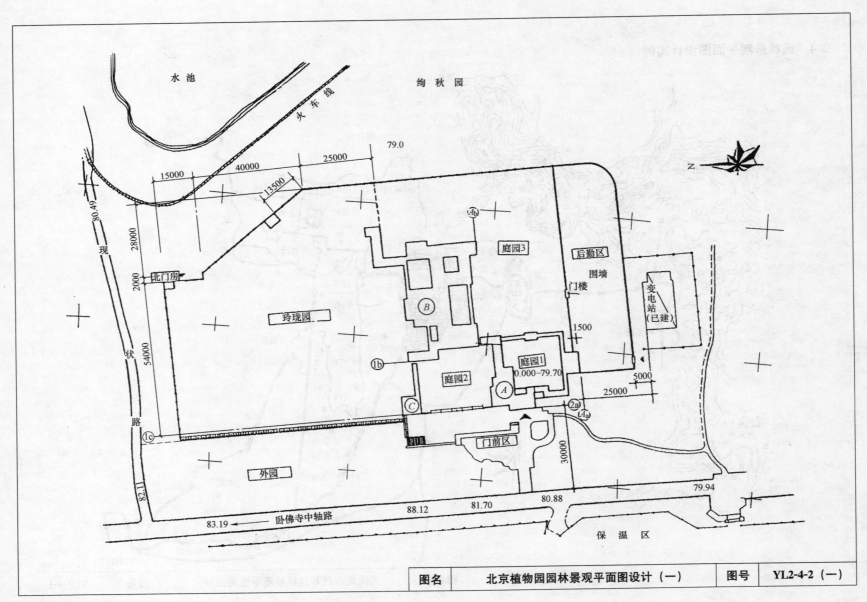

水池　　　　　　　　　　絢秋园

火车线

庭园3

后勤区

玲珑园　　　　　　　　　　围墙

变电站
（已建）

北门房

庭园1
0.000-79.70

庭园2

门前区

外园

保温区

卧佛寺中轴路

| 图名 | 北京植物园园林景观平面图设计（一） | 图号 | YL2-4-2（一） |

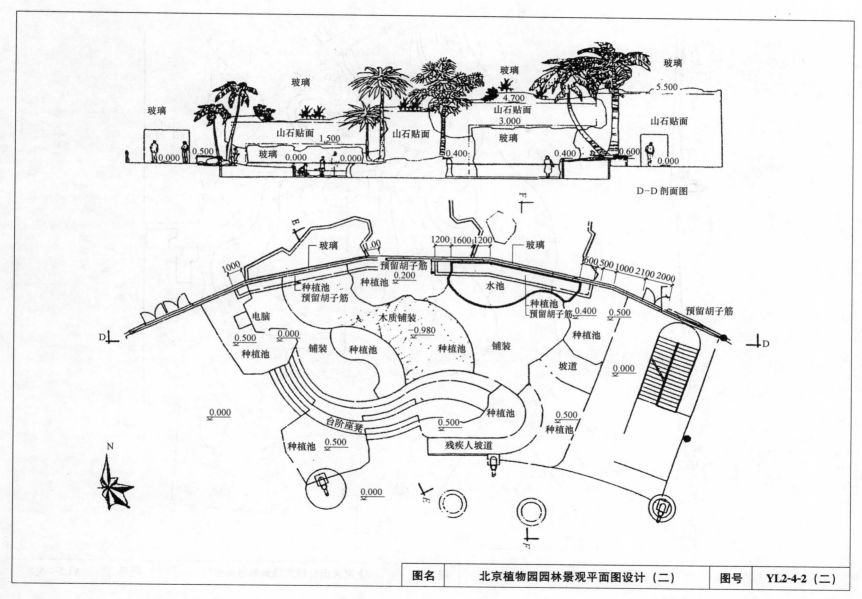

玻璃　玻璃　玻璃　玻璃

5.500

4.700

山石贴面
3.000

山石贴面

山石贴面　山石贴面　山石贴面
1.500

玻璃　0.000　0.000　0.400　玻璃　0.400　0.600　0.000

0.000　0.500

D—D 剖面图

1200 1600 1200

玻璃　1.00

玻璃

1000

预留胡子筋

600 500 1000 2100 2000

种植池
预留胡子筋
0.200

种植池

水池

电脑

种植池
预留胡子筋　0.400

0.500

预留胡子筋

木质铺装

0.500　0.000　铺装　种植池　−0.980　种植池　铺装　种植池

坡道

0.000

种植池

0.000

种植池

0.000

台阶座凳

0.500

种植池

0.500

种植池
0.500

0.000

种植池　0.500

残疾人坡道

N

| 图名 | 北京植物园园林景观平面图设计（二） | 图号 | YL2-4-2（二） |

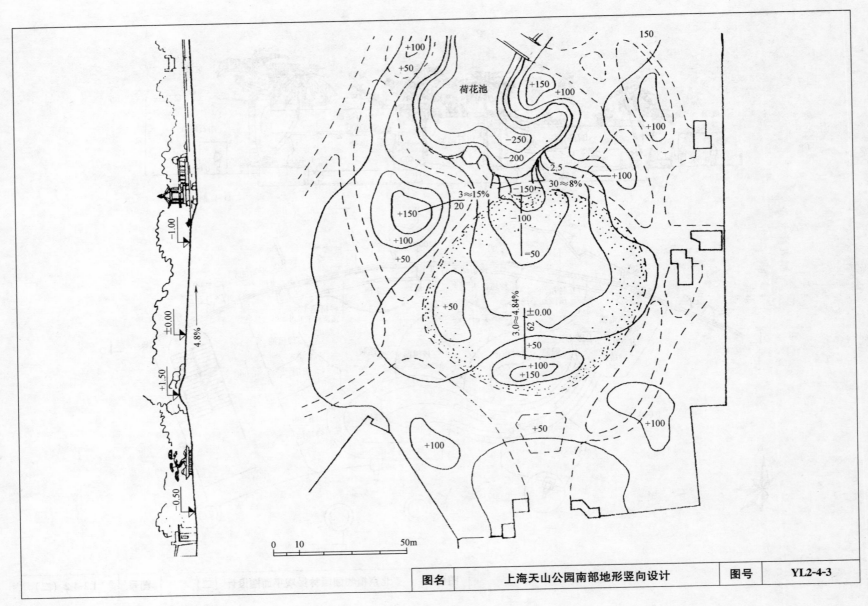

荷花池

| 图名 | 上海天山公园南部地形竖向设计 | 图号 | YL2-4-3 |

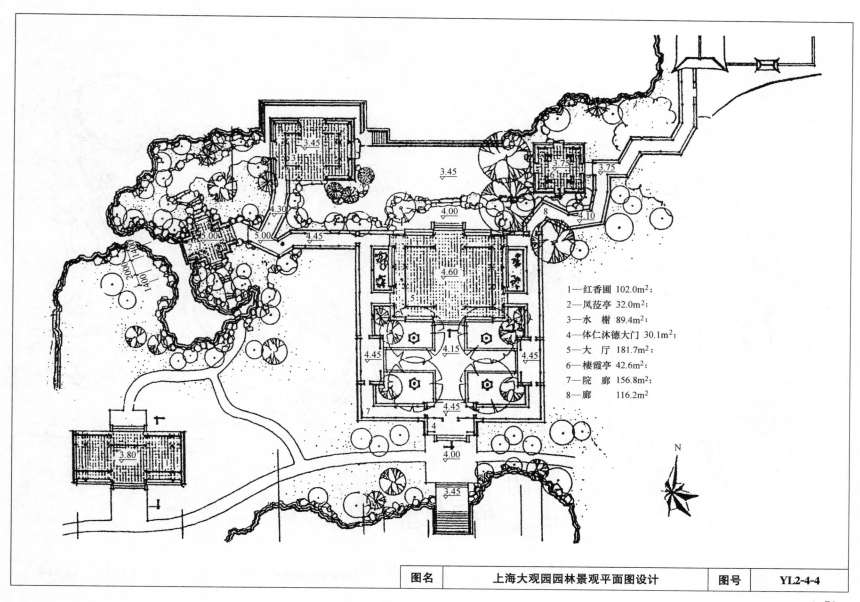

1—红香圃 102.0m²；

2—凤菱亭 32.0m²；

3—水 榭 89.4m²；

4—体仁沐德大门 30.1m²；

5—大 厅 181.7m²；

6—楼霞亭 42.6m²；

7—院 廊 156.8m²；

8—廊 116.2m²

| 图名 | 上海大观园园林景观平面图设计 | 图号 | YL2-4-4 |

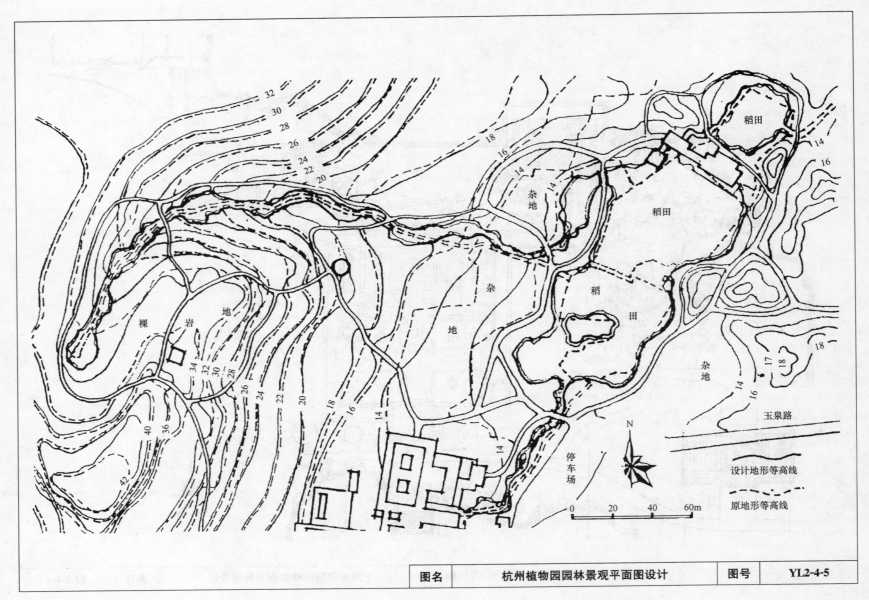

稻田

杂
地

稻田

稻田
稻

杂地

杂
地

裸 岩

地

停
车
场

玉泉路

N

0   20   40   60m

——— 设计地形等高线

------- 原地形等高线

32
30
28
26
24
22
20

18
16
14

34
32
30
28
26
24
22
20
18
16
14

40
36

42

14

17
18

18

16

14

14

16

14

18

16

14

| 图名 | 杭州植物园园林景观平面图设计 | 图号 | YL2-4-5 |

74

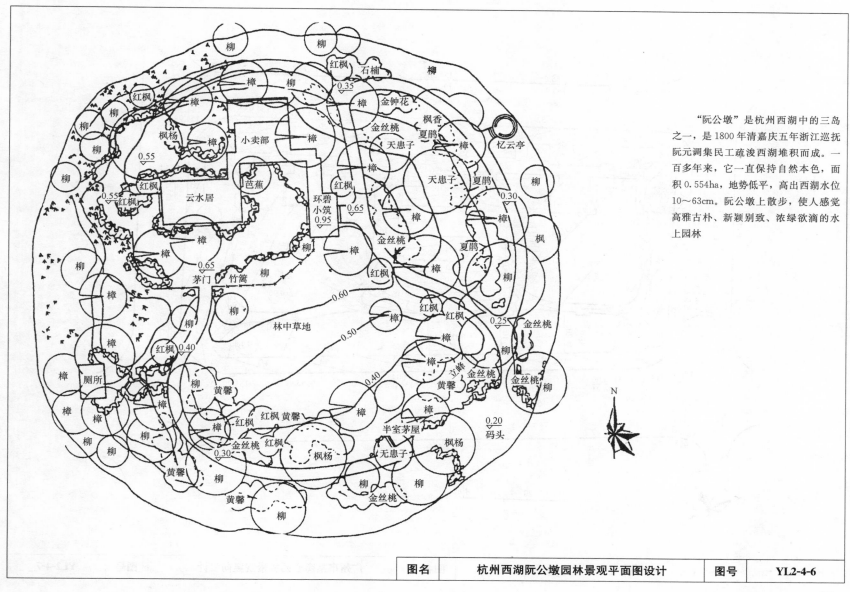

柳　柳　红枫　石楠　柳
红枫　樟　柳　0.35　樟　金钟花
柳　樟　枫香　忆云亭
柳　枫杨　樟　小卖部　樟　金丝桃　夏鹃
0.55　樟　天患子　夏鹃　柳
柳　红枫　云水居　芭蕉　天患子
0.55　红枫　环碧　红枫　0.30
樟　小筑　0.65　金丝桃　樟
0.95　樟　夏鹃　枫
樟　0.65　樟　柳　红枫　柳
茅门　竹篱　樟
柳　0.60　樟　红枫　0.25　金丝桃
柳　林中草地　0.50　樟　柳
樟　0.40　樟　金丝桃　金丝桃
红枫　0.40　樟　立鹤　柳
厕所　黄馨　柳　樟　黄馨
樟　樟　红枫　黄馨　樟　0.20
柳　柳　红枫　半室茅屋　枫杨　0.20码头
0.30　金丝桃　红枫　无患子
黄馨　柳　枫杨　柳
黄馨　柳　金丝桃

N

"阮公墩"是杭州西湖中的三岛之一，是1800年清嘉庆五年浙江巡抚阮元调集民工疏浚西湖堆积而成。一百多年来，它一直保持自然本色，面积0.554ha，地势低平，高出西湖水位10～63cm。阮公墩上散步，使人感觉高雅古朴、新颖别致、浓绿欲滴的水上园林

| 图名 | 杭州西湖阮公墩园林景观平面图设计 | 图号 | YL2-4-6 |

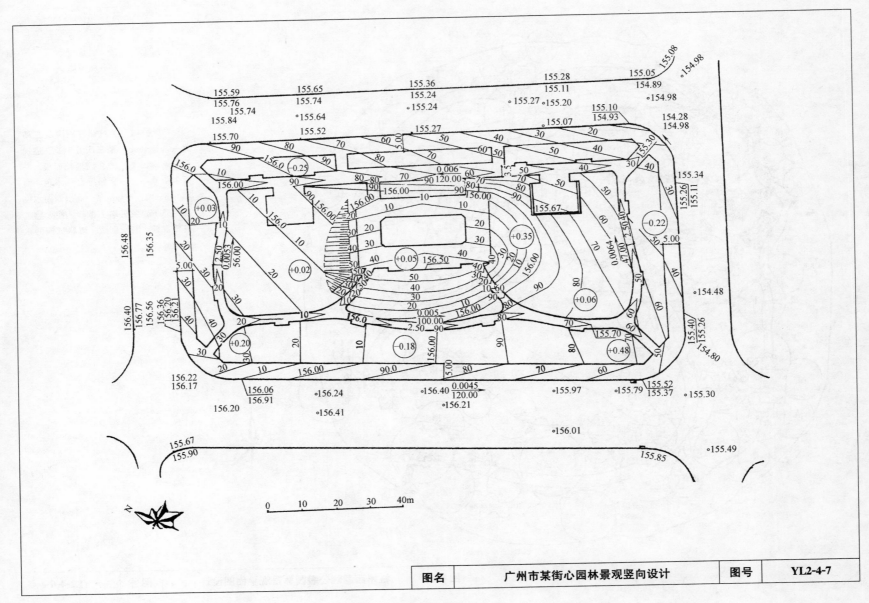

| 图名 | 广州市某街心园林景观竖向设计 | 图号 | YL2-4-7 |

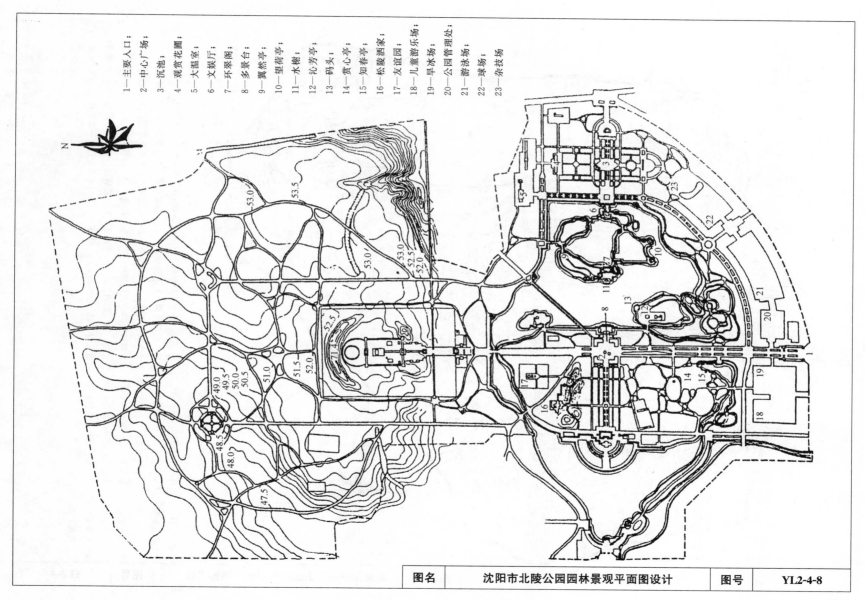

1—主要入口；
2—中心广场；
3—沉池；
4—观赏花圃；
5—大温室；
6—文娱厅；
7—环翠阁；
8—多景台；
9—冀然亭；
10—望荷亭；
11—水榭；
12—沁芳亭；
13—码头；
14—黄心亭；
15—知春亭；
16—松陵酒家；
17—友谊园；
18—儿童游乐场；
19—旱冰场；
20—公园管理处；
21—游泳场；
22—球场；
23—杂技场

| 图名 | 沈阳市北陵公园园林景观平面图设计 | 图号 | YL2-4-8 |

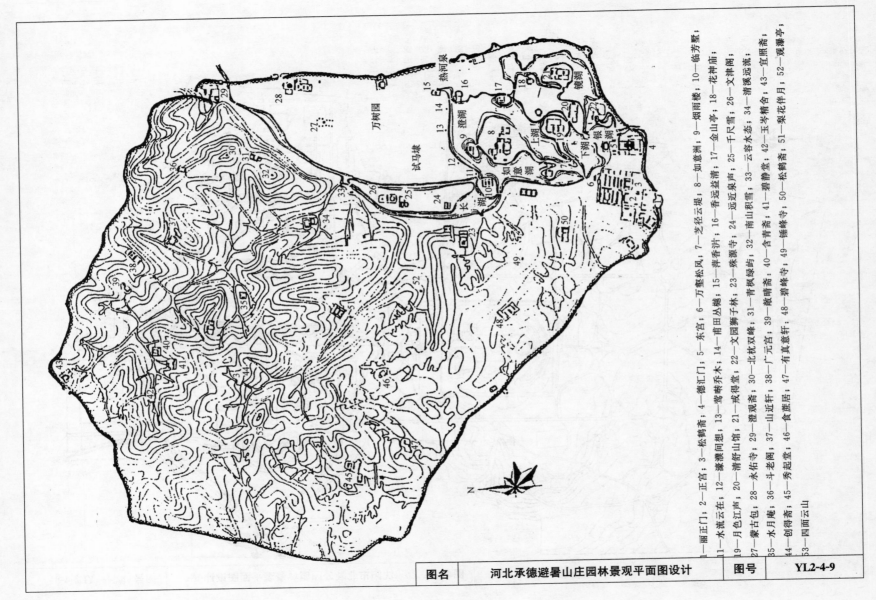

热河泉

万树园

试马埭

镜湖

澄湖

上湖

下湖

银湖

如意湖

长湖

N

图名	河北承德避暑山庄园林景观平面图设计	图号	**YL2-4-9**

3 园林水景景观

3.1 园林水景景观的作用

3.1.1 园林水景的自然景观要素

水是大地景观的血脉，是生物繁衍的条件。人类对水更有着天然的亲切感，水景是自然风景的重要因素，广义的水景包括江河、湖泊、池沼、泉水、瀑潭等风景资源（海水列入海滨风景中）。

1. 泉水

（1）泉是地下水的自然露头，因水温不同而分冷泉和温泉，包括中温泉（年平均温45℃以下）、热泉（年平均温在45℃以上）、沸泉（当地沸点以上）等；因表现形态不同而分为喷泉、涌泉、溢泉、间歇泉、爆炸泉等；如果从旅游资源角度看，又可分为饮泉、矿泉、酒泉、喊泉、浴泉、听泉、蝴蝶泉等；还可按不同成分分为单纯泉、硫酸盐泉、盐泉、矿泉等。

（2）泉水的地质成因很多：

1）因沟谷侵蚀下切到含水层而使泉水涌出叫侵蚀泉。

2）因地下含水层与隔水层接触面的断裂而涌出的泉水叫接触泉。

3）地下含水层因地质断裂，地下水受阻而顺断裂面而出的叫断层泉。

4）地下水遇隔水体而涌向地表的叫溢流泉（例如，山东省济南的趵突泉）。

图名	园林水景的自然景观要素（一）	图号	YL3-1-1（一）

（A）大自然水态中的水石交融（一）

5）地下水顺岩层裂隙而涌出地面的叫裂隙泉（如杭州的虎泉）。

6）矿泉是重要的旅游资源，温泉是休疗养的重要资源，不少地区泉水还是重要的农业和生活用水来源，所以泉水可以说是融景、食、用于一体的重要风景要素。

2. 瀑布

1）瀑布是高山流水的精华所在，瀑布有大有小，形态各异，气势非凡。所有山岳风景区大都有不同的瀑布景观，有的是常年奔流不息，有的是顺山崖辗转而下，有的像宽大的水帘漫落奔流，好似万马奔腾，有的如白雪银花，例如以下的图（A）、图（B）、图（C）、图（D）等都可以看到这些美丽的景观。

2）丰富的自然瀑布景观也是人们造园的蓝本，总之，瀑布以其飞舞的雄姿，能使高山动色，使大地回声，将给人们带来"疑是银河落九天"的抒怀和享受。

3. 溪涧

飞瀑清泉的下游将出现溪流深涧的美丽景观。

4. 峡谷

峡谷是地形大断裂的产物，具有壮丽的自然景观。

5. 河川

河川是大地的动脉，大河品名川，奔泻万里，大有排山倒海之势；小河小溪，常年流水不断，小有曲水流觞之趣。河川承载着千帆百舸，孕育着良田沃土，是一幅幅流动的风景画卷，动人心弦的情歌。

6. 湖池

湖池像是水域景观项链上的宝石，又像洒在大地上的明珠，她以宽阔平静的水面给我们带来悠荡与安详，同时，也孕育了丰富的水产资源

图名	园林水景的自然景观要素（二）	图号	YL3-1-1（二）

（B）大自然水态中的水石交融（二）

（C）大自然水态中的水石交融（三）

| 图名 | 园林水景的自然景观要素（三） | 图号 | YL3-1-1（三） |

（D）大自然水态中的水石交融（四）

7. 滨海

（1）我国是一个具有五千多年文明史的国家，我国的海岸线蜿蜒曲折，总长度达 32000km，其中大陆岸线的长度为 18000 多公里，而岛屿岸线长度有 14000 多公里，是世界上海岸线最长的国家之一。海疆既是经济开发的重要区域，又是很重要的旅游、观光胜地。

（2）沿海自然地质风貌大体分为以下三大类型：

1）基岩海岸大都由花岗岩组成，局部也有石灰岩系，风景价值特别高。

2）泥沙海岸大多由河流冲积而成，为海滩涂地，多半无风景价值；而生物海岸、珊瑚礁海岸，则有一定的观光价值。由上可知，海滨风景资源是要因地制宜、逐步开发才能更好地利用这宝贵的自然风光。自然海滨景观大多会被人们进行仿效，再现于城市园林的水域岸边，如山石驳岸、卵石沙滩、树草护岸或点缀海滨建筑雕塑小品等。

8. 岛屿

（1）自古以来，我国就有东海仙岛和灵丹妙药的神话传说，并且导致了不少皇帝东渡求仙一说，这就构成了中国古典园林景观的景园一池三山（蓬莱、方丈、瀛洲）的传统格局。

（2）由于岛屿给人们带来不少的神秘感，在现代景园的水体中也少不了聚土石为岛，种植树木、花草、假山，修建凉亭，或者设置专类于岛上，既增加了水体的景观层次，又增添了游人的探求情趣。

（3）景园中的岛屿除了利用自然的岛屿外，现在许多园林景观设计师都在努力创造、模仿或者写意于新的更加美丽、自然的岛屿，努力使游人能在没有大海的城市里，也能欣赏到有大海姿色的海味

图名	园林水景的自然景观要素（四）	图号	YL3-1-1（四）

3.1.2 园林水景景观的作用

园林水景景观的作用见下表所列。

园林水景景观的作用

序号	分类		园林水景景观的作用	简明示意图
1	园林水景的主要作用	水面系带的作用	水面具有将不同的园林空间和园林景点联系起来，而避免景观结构松散的作用。这种作用就叫做水面的系带作用： （1）将水作为一种关联因素，可以使散落的景点之间产生紧密结合的关系，互相呼应，共同成景。一些曲折而狭长的水面，在造景中能够将许多景点串联起来，形成一个线状分布的风景带。例如扬州瘦西湖，其带状水面绵延数千米，一直达到平山堂。 （2）一些宽广坦荡的水面，如杭州西湖，则把环湖的山、树、塔、庙、亭、廊等众多景点景物，和湖面上的苏堤、断桥、白堤、阮公墩等名胜古迹，紧紧地连在一起，构成了一个丰富多彩、优美动人的巨大风景面。园林水体这种具有广泛联系特点的造景作用，称为面形系带作用	 线形系带　　面形系带
		水面统一的作用	许多零散的景点均以水面作为联系纽带时，水面的统一作用就成了造景最基本的作用。如苏州拙政园中，众多的景点均以水面为底景，使水面处于全园构图核心的地位，所有景物景点都围绕着水面布置，就使景观结构更加紧密，风景体系也就呈现出来，景观的整体性和统一性就大大加强。从园林中许多建筑的题名来看，也都反映了对水景的依赖关系，例如许多景点中的"倒影楼"、"倒影塔"等。水体的这种作用，还能把水面自身统一起来。不同平面形状和不同大小的水面，只要相互连通或者相互邻近，就可以统一成一个整体。无论是动态的水还是静态的水，当其以不同形状、不同大小和位置错落的湖、池、溪、泉等形态呈现在园林中时，哪怕形状、大小、位置差别再大，它们都能够相互协调和统一，这是它们都含有水这一共同而又惟一的造景联系因素的缘故	 苏州拙政园芙蓉榭

图名	园林水景景观的作用（一）	图号	YL3-1-2（一）

序号	分类	园林水景景观的作用	简明示意图
1	园林水景的主要作用	**水面焦点的作用** 飞涌的喷泉、狂跌的瀑布等动态水景，其形态和声响很容易引起人们的注意，对人们的视线具有一种收聚、吸引的作用。这类水景往往能够成为园林某一空间中的视线焦点和主景。这就是水体的直接焦点作用。由于水面将园林空间在很大程度上敞开起来，水中的岛、堤、半岛，甚至某一段向水凸出的湖岸等，都可能构成水体空间中的视觉焦点。这种视觉焦点是水面所造成的。因此，可以认为这是园林水体间接的视觉焦点作用。在设计中，除了要直接处理好水景与环境的尺度与比例关系外，还应考虑它们所处的位置和间接形成焦点的作用。通常将水景安排在向心空间的中心点上、轴线的轴上、空间的醒目处或视线容易集中的地方，这样，可使其凸出起来并成为焦点。作为直接焦点布置的水景设计形式有：喷泉、瀑布、水帘、水墙、壁泉等	 视线或轴线的焦点　空间的中心 视线或轴线的端点　视线易到之处
		水面基面的作用 大面积的水面视域开阔，可作为岸畔景物和水中景观的基调、底面使用。当水面不大，但水面在整个空间中仍具有面的感觉时，水面仍可作为岸畔或水中景物的基面，产生倒影，扩大和丰富空间。如北京北海公园的琼华岛有被水面托起浮水之感，正是运用了大面积的水面来达到这种效果。又如西班牙阿尔罕布拉宫中的柘榴院，院中宁静的水面将城堡立面倒影，使城堡丰富的立面更加完整而动人；当水面大的时候，它不仅可以蓄洪防涝，而且，还可以供人们在水上大范围内进行旅游，游客可以在游船上尽情地欣赏着祖国大好河山及各式各样、风格特异的风景，例如：在著名的八百里洞庭湖中游览，全身置于一望无际的青山绿水之中，仿佛远景之山、远景之房屋、远景之"岳阳楼"等等全是从这青山绿水中长出来的，美不胜收。 "洗秋"和"饮绿"是北京颐和园谐趣园内两座临水建筑物。"洗秋"的平面为面阔三间的长方形，它的中轴线正对着谐趣园的人口宫门；而"饮绿"的平面为正方形，位于水池拐角的突出部位。这两座建筑物之间以短廊连成一整体。宁静的水面将两座临水建筑物立面倒影，使体形上更加完美动人、轻快舒畅。红柱、灰顶、略施彩画，反映了当时我国皇家园林的建筑格调	 北京颐和园谐趣园"洗秋"、"饮绿"

图名	**园林水景景观的作用（二）**	图号　YL3-1-2（二）

序号	分类		园林水景景观的作用	简明示意图
2	园林水景应用的主要特点	隐约	配植着疏林的堤埂、岛屿和岸边的各种景物相互之间进行组合，或者相互进行分隔，将使水景时而遮掩、时而显露、时而透出，就可以获得隐隐约约、朦朦胧胧的水景效果	隐约——虚实、藏露结合
		引出	庭园水池设计中，不管有无实际需要，也将池边留出一个水口，并通过一条小溪引水出园，到园外再截断。对水体的这种处理，其特点还是在尽量扩大水体的空间感，向人暗示园内水池就是源泉，暗示其流水可以通到园外很远的地方。所谓"山要有根，水要有源"的古代画理，在今天的园林水景设计中也还有应用	引出——引水出园　隔流——隔而不断
		隔流	对水景空间进行视线上的分隔，使水流隔而不断，似断却连	
		引入	和水的引出方法相同，但效果相反。水的引入，暗示的是水池的源头在园外，而且源远流长	引入——引水入园　收聚——小水面聚合
		收聚	大水面宜分，小水面宜聚。面积较小的几块水面相互聚拢，可以增强水景表现。特别是在坡地造园，由于地势所限，不能开辟很宽大的水面，就可以随着地势升降，安排几个水面高度不一样的较小水体，相互聚在一起，同样可以达到大水面的效果	
		沟通	分散布置的若干水体，通过渠道、溪流顺序地串联起来，构成完整的水系，这就是沟通	沟通——使分散水面相连　水幕——建筑在水下
		水幕	建筑被设置于水面之下，水流从屋顶均匀跌落，在窗前形成水幕。再配合音乐播放，则既有跌落的水幕，又有流动的音乐，室内水景别具一格	
		开阔	水面广阔坦荡，天光水色，烟波浩渺，有空间无限之感。这种水景效果的造成，常见的是利用天然湖泊赋予人工补景、点景，使水景完全融入环境之中。而水边景物如山、树、建筑等，看起来都比较遥远	开阔——大尺度的水景空间　象征——以沙浪象征水波日本式的枯山水
		象征	以水面为陪衬景，对水面景物给予特殊的造型处理，利用景物象形、表意、传神的作用，来象征某一方面的主题意义，使水景的内涵更深，更有想像和回味的空间	

	图名	园林水景景观的作用（三）	图号	YL3-1-2（三）

序号	分类		园林水景景观的作用	简明示意图
2	园林水景应用的主要特点	亲和	通过各式各样贴近水面的汀步、平曲桥，跨入水中的亭、廊等建筑物，和又低又平的岸边等造景处理，把游人与水景的距离尽可能地缩短，水景与游人之间就体现出一种十分亲和的关系，使游人深深地感受到满意亲切	亲和——建筑在水中　　延伸——建筑、阶梯向水中延伸
		延伸	当前的许多园林建筑物是一半在岸上，一半延伸到水中；或岸边的树木采取树干向水面倾斜，树枝向水面垂落或向水心伸展的态势，临水之意显然。前者是向水的表面延伸，而后者却是向水上的空间延伸	
		藏幽	水体在建筑群、园林绿地或其他的环境中，都应有意地把源头和出水口隐藏起来。如果有意地将水面的源头隐去，反而可给游人留下源远流长、无穷无尽的感觉；又如把出水口有意藏起的水面，这湖里、池里、溪里的水，其去向如何，也更能引人遐想、回味无穷	藏幽——水体在树林中　　渗透——水体穿插于建筑群之中
		渗透	园林绿地中的水景空间和各种建筑物是相互渗透的。例如：水池、溪流在建筑群中穿插，给建筑群带来了非常自然、鲜活的新气息。有了渗透，水景空间的形态更加富于变化，建筑空间的形态更加舒畅、灵秀迷人	
		暗示	池岸岸口向水面悬伸，让人感到水面似乎延伸到了岸口下面，这是水景的暗示作用。将庭院水体引入建筑物室内，水声、光影的渲染使人仿佛置身于水底世界，这也是水景的暗示效果	暗示——引水入室
		迷离	在园林绿地中，当水景的水面空间需要处理时，一般都是利用水中的堤埂、岛屿、植物以及各种形态不一的建筑物，与各种形态的水面相互包含与穿插，形成湖中有岛、岛中有湖，景观层次丰富的复合性水面空间。在这种空间中，其水景、树景、堤景、岛景、建筑景等层层展开，不可穷尽。游人置身其中，顿觉境界相异、世外桃源、扑朔迷离	迷离——湖中岛与岛中湖　　萦回——溪涧盘绕回还
		萦回	蜿蜒曲折的小溪流，在树林、水草地、岛、湖滨之间回环盘绕，有些是静静地流淌着的清泉；有些是飞奔直流而下的瀑布，发出哗啦啦的响声，这些都很好地突出了风景流动感。其效果反映了园林水景的萦回特点	

图名	园林水景景观的作用（四）	图号	YL3-1-2（四）

3.2 园林水景景观平面图的设计

3.2.1 园林水景景观平面图的设计素材

| 图名 | 园林水景景观平面图设计素材（一） | 图号 | YL3-2-1（一） |

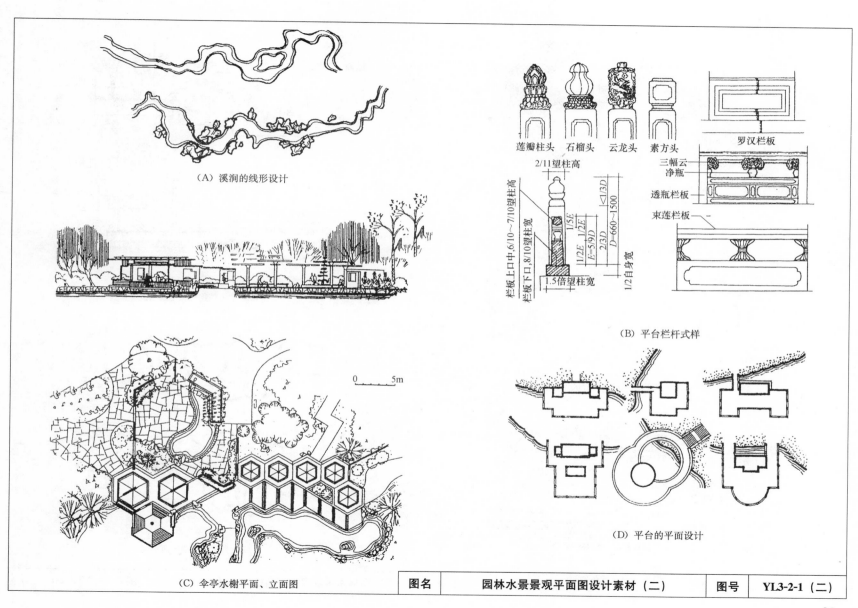

（A）溪涧的线形设计

莲瓣柱头　石榴头　云龙头　素方头

罗汉栏板

三幅云
净瓶
透瓶栏板
束莲栏板

2/11望柱高

栏板上口中,6/10～7/10望柱高
栏板下口,8/10望柱宽
1.5倍望柱宽

1/5E
1/2E
1/2E
E=5/9D
2/3D
D=660～1500
1/2自身宽
1/2E

（B）平台栏杆式样

0　　　　5m

（C）伞亭水榭平面、立面图

（D）平台的平面设计

| 图名 | 园林水景景观平面图设计素材（二） | 图号 | YL3-2-1（二） |

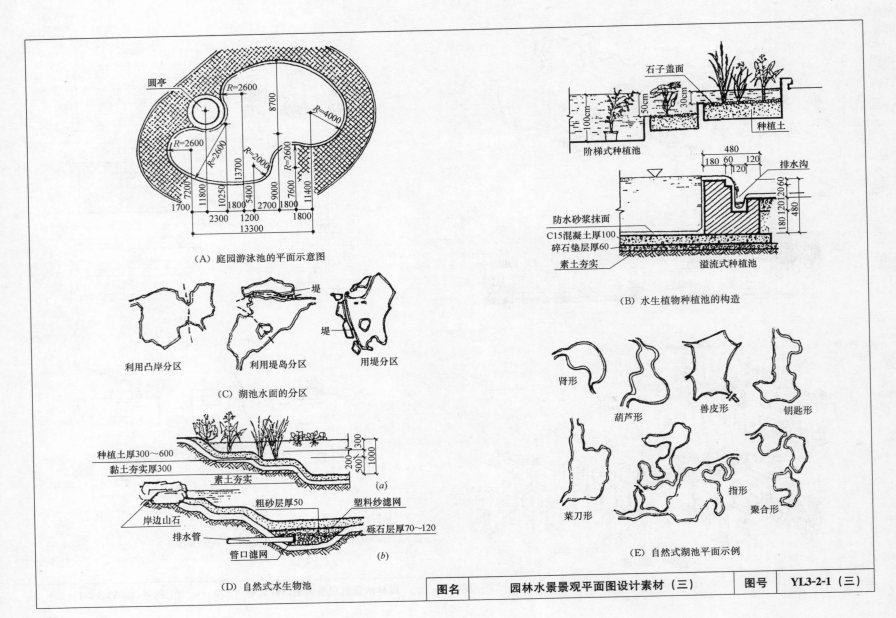

（A）庭园游泳池的平面示意图

（B）水生植物种植池的构造

（C）湖池水面的分区

（D）自然式水生物池

（E）自然式湖池平面示例

| 图名 | 园林水景景观平面图设计素材（三） | 图号 | YL3-2-1（三） |

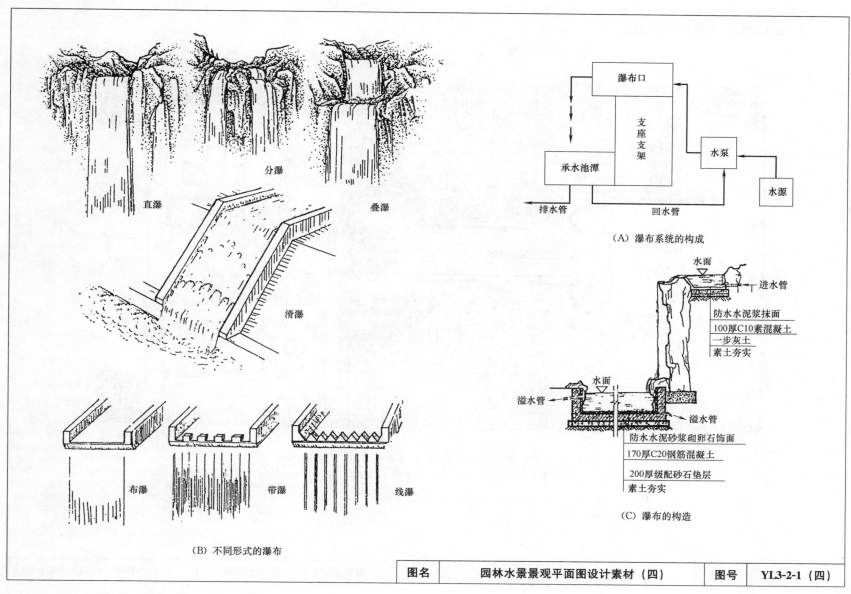

分瀑

直瀑

叠瀑

滑瀑

布瀑

带瀑

线瀑

(B) 不同形式的瀑布

瀑布口

支座支架

承水池潭

水泵

水源

排水管

回水管

(A) 瀑布系统的构成

水面

进水管

防水水泥浆抹面

100厚C10素混凝土

一步灰土

素土夯实

水面

溢水管

溢水管

防水水泥砂浆砌卵石饰面

170厚C20钢筋混凝土

200厚级配砂石垫层

素土夯实

(C) 瀑布的构造

| 图名 | 园林水景景观平面图设计素材（四） | 图号 | YL3-2-1（四） |

3.2.2　园林水景景观平面图与效果图实例

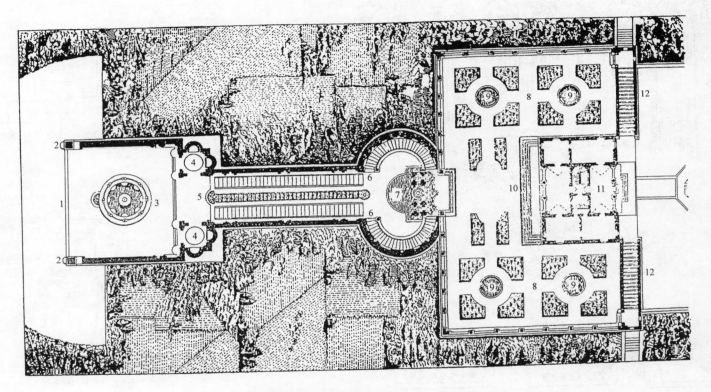

1—前台；2—塔门；3—喷池台座；4—石台座；5—水流；6—踏步；7—喷水贮水池；
8—花园；9—喷水池；10—阶梯；11—俱乐部；12—露台

图名	园林水景景观平面设计实例（一）	图号	YL3-2-2（一）

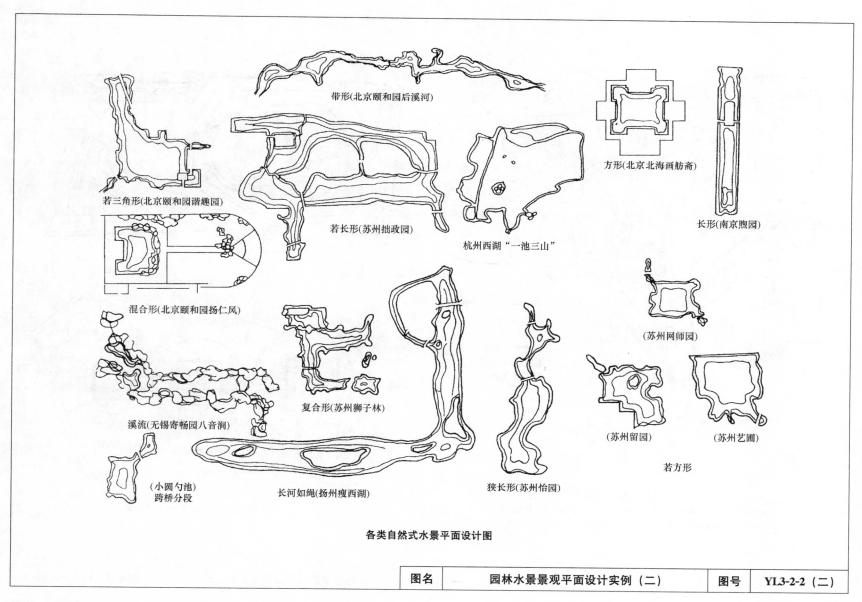

带形(北京颐和园后溪河)

方形(北京北海画舫斋)

长形(南京煦园)

若三角形(北京颐和园谐趣园)

若长形(苏州拙政园)

杭州西湖"一池三山"

混合形(北京颐和园扬仁风)

(苏州网师园)

溪流(无锡寄畅园八音涧)

复合形(苏州狮子林)

(苏州留园)

(苏州艺圃)

若方形

(小圆勺池)
跨桥分段

长河如绳(扬州瘦西湖)

狭长形(苏州怡园)

各类自然式水景平面设计图

图名	园林水景景观平面设计实例（二）	图号	YL3-2-2 （二）

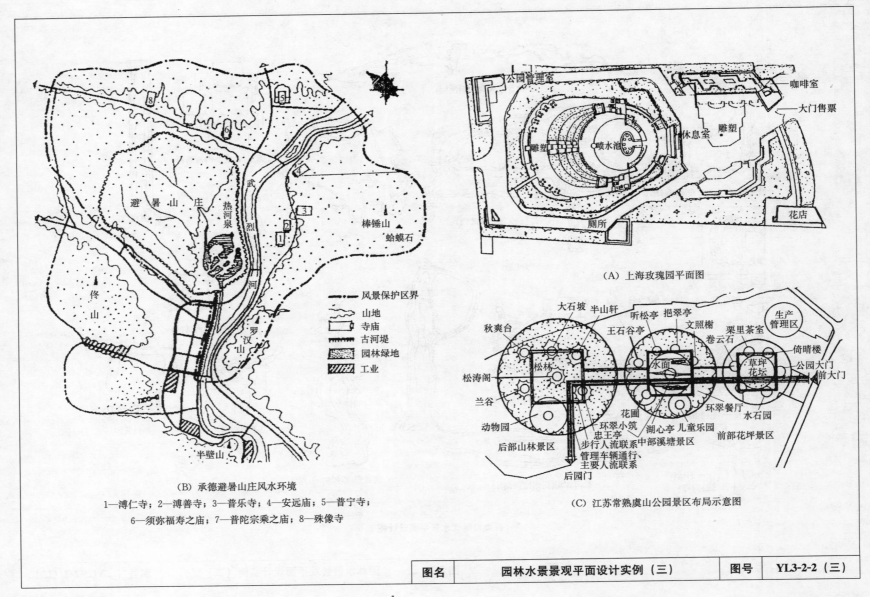

（A）上海玫瑰园平面图

（B）承德避暑山庄风水环境

1—溥仁寺；2—溥善寺；3—普乐寺；4—安远庙；5—普宁寺；

6—须弥福寿之庙；7—普陀宗乘之庙；8—殊像寺

（C）江苏常熟虞山公园景区布局示意图

| 图名 | 园林水景景观平面设计实例（三） | 图号 | YL3-2-2（三） |

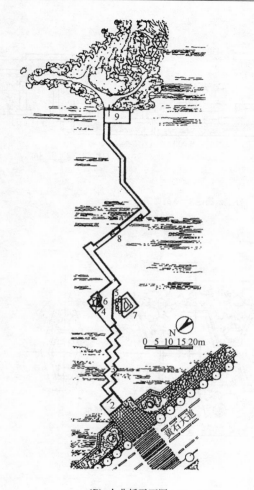

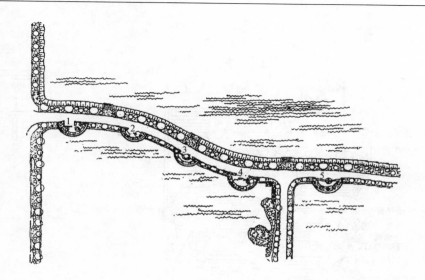

（A）黄石市磁堤平面图

1—画境观塔；2—湖光帆影；3—一鱼跃鸟飞；4—鹅戏春水；5—磁堤飞虹

（B）九曲桥平面图

1—入口；2—桥铭石碑；3—小九曲；4—平台；5—汀步；6—双亭；

7—喷泉；8—石拱桥；9—出口平台

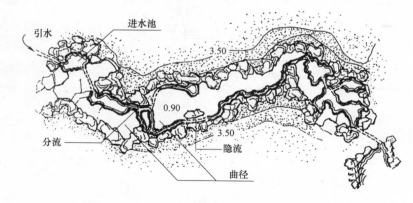

（C）无锡寄畅园八音涧平面图

| 图名 | 园林水景景观平面设计实例（四） | 图号 | YL3-2-2（四） |

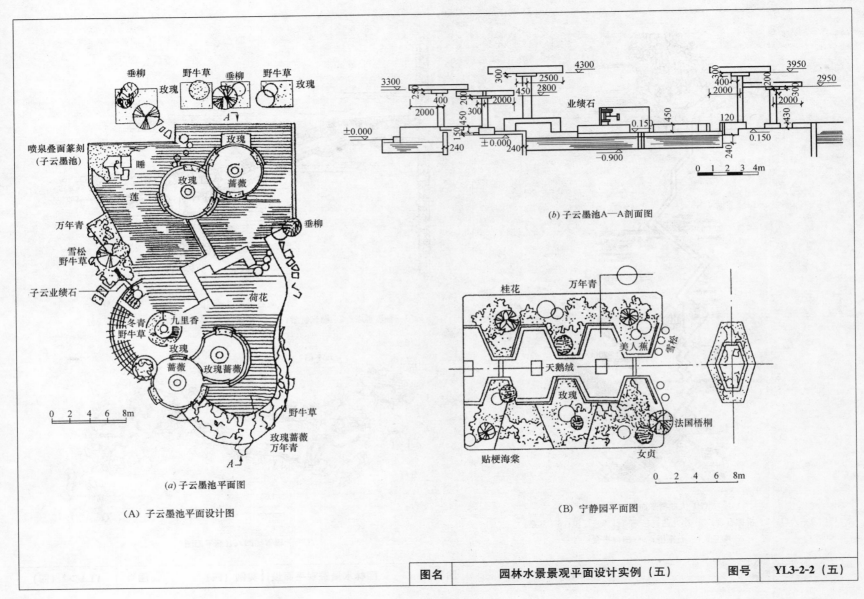

(a) 子云墨池平面图

(A) 子云墨池平面设计图

(b) 子云墨池A—A剖面图

(B) 宁静园平面图

| 图名 | 园林水景景观平面设计实例（五） | 图号 | YL3-2-2（五） |

（A）苏州沧浪亭

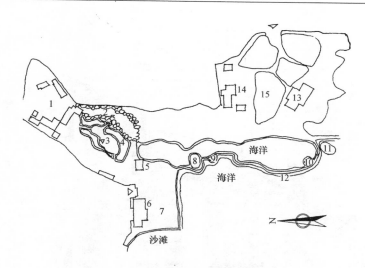

（C）厦门鼓浪屿菽庄花园平面图

1—顽石山房；2—十二洞天；3—三角亭；4—牌坊；5—壬秋阁；

6—眉寿堂；7—音乐广场；8—枕流鼓石；9—渡月亭；10—千波亭；

11—鼓石；12—四十四桥；13—听涛轩；14—花展厅；15—菽庄花园

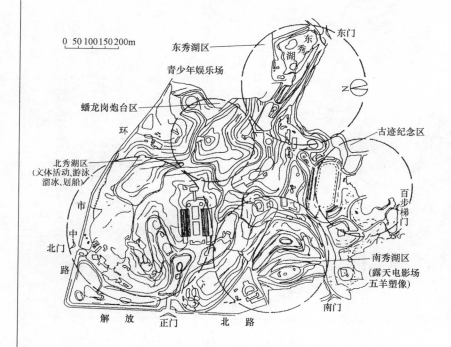

0 50 100 150 200m

东秀湖区
青少年娱乐场
蟠龙岗炮台区
古迹纪念区
北秀湖区
（文体活动、游泳、溜冰、划船）
百步梯门
南秀湖区
（露天电影场
五羊塑像）
东秀湖
东门
古迹纪念区
环
市
中
北
路
北门
解放　正门　北路　　南门

（B）广州越秀公园分区

（D）广州白天鹅宾馆内庭

| 图名 | 园林水景景观平面设计实例（六） | 图号 | YL3-2-2（六） |

（A）北京颐和园云松巢

抚顺萨尔游湖自然水面空间层次

（C）抚顺萨尔游风景区——自然中体现飘积原理的水体形式

（B）广州白天鹅宾馆将"水"引入室内庭院

| 图名 | 园林水景景观平面设计实例（七） | 图号 | YL3-2-2（七） |

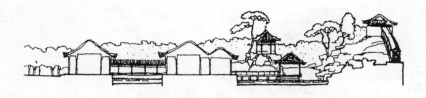

（A）北京北海公园静心斋

北京市的北海公园有个静心斋，入门后为长方形水院，斋后为水石景院呈天然形态，前后庭院在空间体形、其体量上采用对比的手法，主要是增强艺术情趣

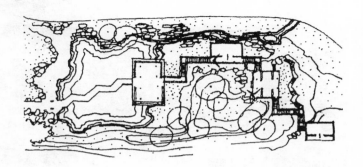

（B）北京北海公园濠濮涧

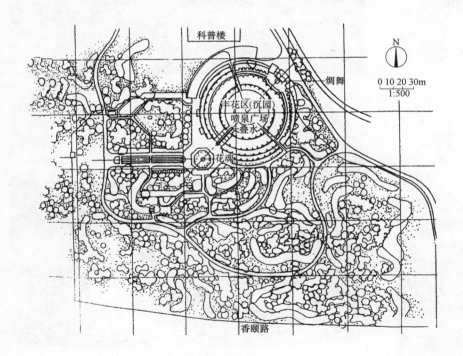

科普楼

绸舞

0 10 20 30m
1:500

丰花区(沉园)
喷泉广场
叠水
花魂

香颐路

（C）北京植物园月季园平面图

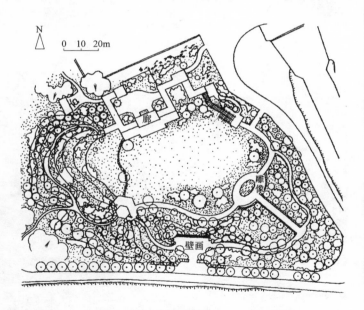

N

0 10 20m

廊

雕

壁画

（D）北京玉渊潭公园留春园平面图

| 图名 | 园林水景景观平面设计实例（八） | 图号 | YL3-2-2（八） |

（A）苏州艺圃中的"水池东南的春光明媚"景色

（B）苏州拙政园中的"中部水池与楼阁"景色

（C）苏州网师园中的"春暖花开"景色

（D）苏州网师园中的"冬天雪景"景色

图名	著名园林水景景观设计照片图（一）	图号	YL3-2-3（一）

江苏常熟聚沙塔园中的"塔园一角"景色

图名	著名园林水景景观设计照片图（二）	图号	YL3-2-3（二）

（A）江苏常熟虚园中的"曾园"景色

（B）江苏常熟虚园中的"船舫"景色

（C）江苏常熟虚园中的"水吾荷叶"景色

（D）江苏常熟虚园中的"黄石假山"景色

| 图名 | 著名园林水景景观设计照片图（三） | 图号 | YL3-2-3（三） |

（A）江苏常熟聚沙塔园中的"假山与水池"景色

（B）江苏常熟聚沙塔园的"飞虹卧波"景色

（C）江苏常熟虚园中的"池塘荷花"景色

图名	著名园林水景景观设计照片图（四）	图号	YL3-2-3（四）

(A) 苏州艺圃中的"池南湖石假山"景色

(B) 苏州退思园中的"退思草与水香榭"景色

(C) 苏州沧浪亭中的"水池与楼阁"景色

(D) 苏州怡园中的"画舫斋"景色

| 图名 | 著名园林水景景观设计照片图（五） | 图号 | YL3-2-3（五） |

（A）苏州拙政园中的"北寺塔借景入园"景色

（B）苏州拙政园中的"香洲与水池"景色

| 图名 | **著名园林水景景观设计照片图（六）** | 图号 | **YL3-2-3（六）** |

苏州留园中的"水池与楼阁秋色"景色

| 图名 | 著名园林水景景观设计照片图（七） | 图号 | YL3-2-3（七） |

（A）苏州留园中的"楼阁与小溪"景色

（B）苏州狮子林中的"水池西南楼阁"景色

图名	著名园林水景景观设计照片图（八）	图号	YL3-2-3（八）

3.3 园林水景喷泉工程的设计与施工

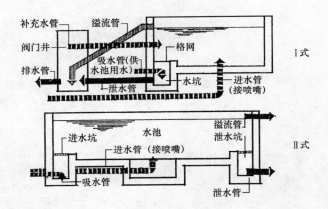

（A）水池管线布置示意图

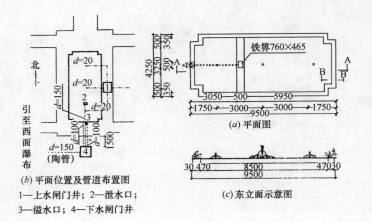

（b）平面位置及管道布置图

1—上水闸门井；2—泄水口；
3—溢水口；4—下水闸门井

（c）东立面示意图

（B）北京某经济植物园水池设计图

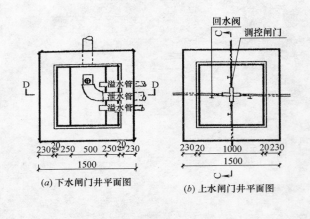

（a）下水闸门井平面图　　　（b）上水闸门井平面图

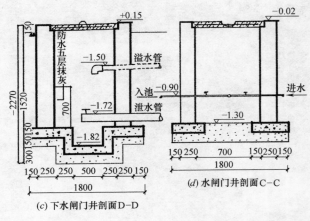

（c）下水闸门井剖面D-D　　　（d）水闸门井剖面C-C

（C）北京某经济植物园水池设计图（一）

图名	园林景观喷泉水池的设计实例（一）	图号	YL3-3-1（一）

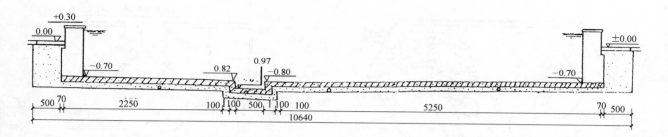

(a) 剖面图A—A

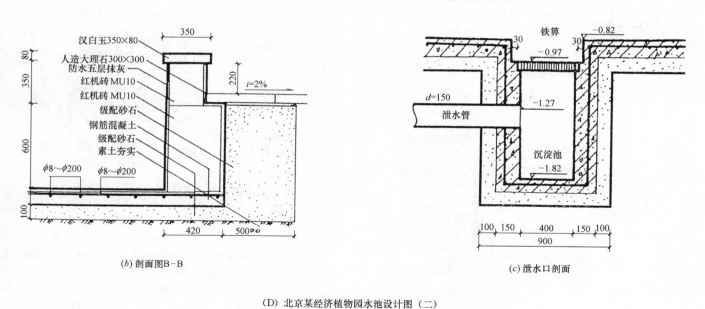

汉白玉350×80
人造大理石300×300
防水五层抹灰
红机砖MU10
红机砖MU10
级配砂石
钢筋混凝土
级配砂石
素土夯实
$\phi 8 \sim \phi 200$ $\phi 8 \sim \phi 200$

$i=2\%$

(b) 剖面图B—B

铁箅
泄水管 $d=150$
沉淀池
−0.82
−0.97
−1.27
−1.82

(c) 泄水口剖面

(D) 北京某经济植物园水池设计图（二）

图名	园林景观喷泉水池的设计实例（二）	图号	YL3-3-1（二）

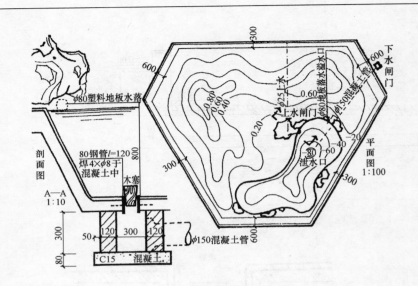

（A）上海天山公园盆景式水池图（一）

白水泥磨石面　大石块白水泥勾凹缝

卵石池口

路面

本色水泥粉光

20本色水泥面1:2
80C20混凝土
120碎石夯实

（B）上海天山公园盆景式水泥图（二）

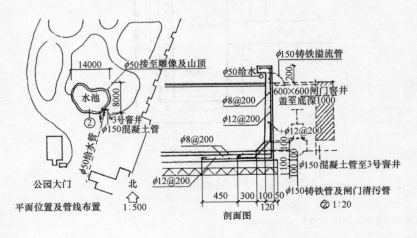

（C）上海黄浦公园水池设计图

（D）广州流花湖公园水池平面图

a—上水闸门井；b—下水闸门井；c—喷泉；d—睡莲种植盆
1—白兰花；2—假槟榔；3—皇后葵；4—台湾相思；5—荔枝；
6—人参果；7—龙眼；8—棕竹；9—扶桑；10—变叶木；
11—杜鹃；12—苏铁；13—九里香；14—粉团竹

| 图名 | 园林水景喷泉水池的设计实例（三） | 图号 | YL3-3-1（三） |

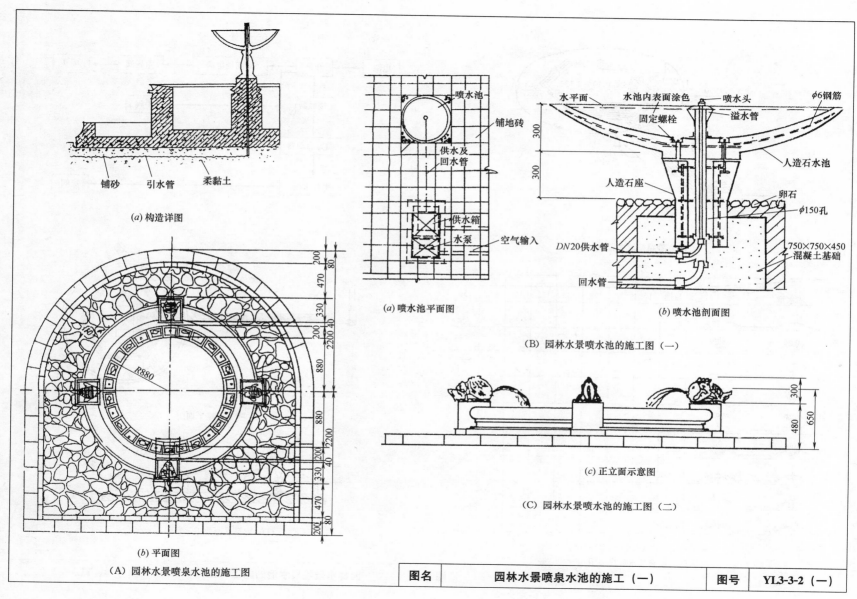

(a) 构造详图

铺砂　引水管　柔黏土

(b) 平面图

R880

200
80
470
330
200 40
2200
880
R880
880
2200
330
200
470
200 80

(A) 园林水景喷泉水池的施工图

(a) 喷水池平面图

喷水池
铺地砖
供水及
回水管
供水箱
水泵
空气输入

(b) 喷水池剖面图

水平面　水池内表面涂色　喷水头　φ6钢筋
固定螺栓　溢水管
人造石水池
人造石座
卵石
φ150孔
DN20供水管
回水管
750×750×450
混凝土基础
300
300
300

(B) 园林水景喷水池的施工图（一）

(c) 正立面示意图

300
480
650

(C) 园林水景喷水池的施工图（二）

| 图名 | 园林水景喷泉水池的施工（一） | 图号 | YL3-3-2（一） |

111

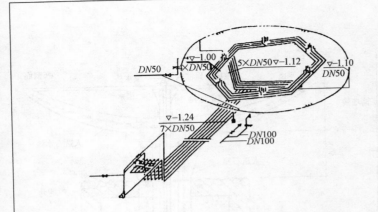

(A) 管路系统布置图

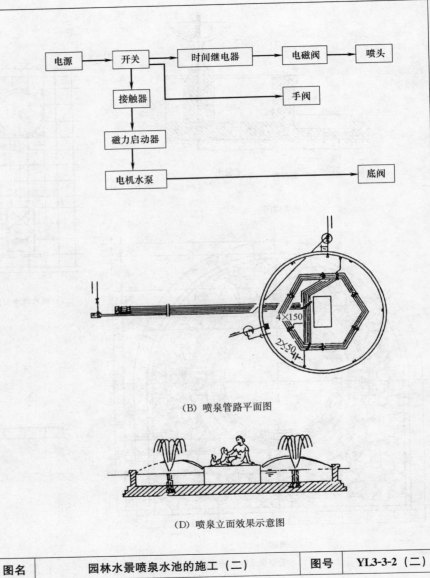

序号	1	2	3	4	5	6	7	8	9
时间程序	自选	15s	15s	15s	15s	15s	15s	15s	15s
喷水型									
		—							
			—						
						—		
								—

(B) 喷泉管路平面图

(D) 喷泉立面效果示意图

(C) 喷泉喷水程序表图

图名	园林水景喷泉水池的施工（二）	图号	YL3-3-2（二）

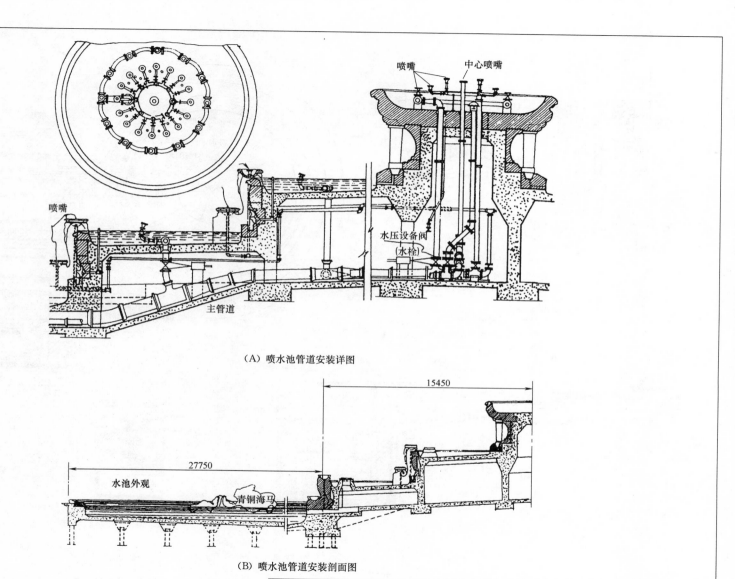

喷嘴　中心喷嘴

喷嘴

水压设备阀
（水栓）

主管道

（A）喷水池管道安装详图

15450

27750

水池外观

青铜海马

（B）喷水池管道安装剖面图

| 图名 | 园林水景喷泉水池的施工（三） | 图号 | YL3-3-2（三） |

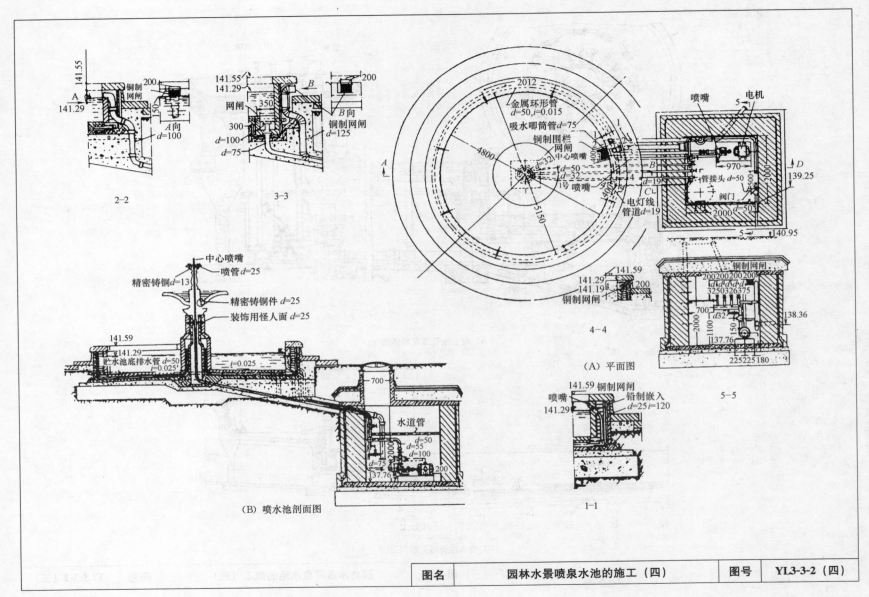

2-2

3-3

141.55

铜制网闸

200

铜制网闸

141.29

A向

A向

d=100

50

200

141.55
141.29

网闸

350

B

B向

300

铜制网闸
d=125

d=100

d=75

2012

金属环形管
d=50,i=0.015

吸水唧筒管d=75

铜制围栏

网闸

中心喷嘴

4800

d=50

d=32

1号喷嘴

5150

电灯线
管道d=19

喷嘴

电机

5

管接头d=50

阀门

139.25

140.95

铜制网闸

200200200200

d d d d
325032 6375

700

d=32

138.36

137.76

225225180

（A）平面图

141.59
141.29
141.19

141.59

141.29

200

铜制网闸

4-4

中心喷嘴

喷管d=25

精密铸铜d=13

精密铸铜件d=25

装饰用怪人面d=25

141.59
141.29

贮水池底排水管d=50
i=0.025

i=0.025

700

水道管

d=50
d=55
d=100
d=75

137.76

200

（B）喷水池剖面图

141.59 铜制网闸

喷嘴

141.29

铅制嵌入
d=25 i=120

5-5

1-1

| 图名 | 园林水景喷泉水池的施工（四） | 图号 | YL3-3-2（四） |

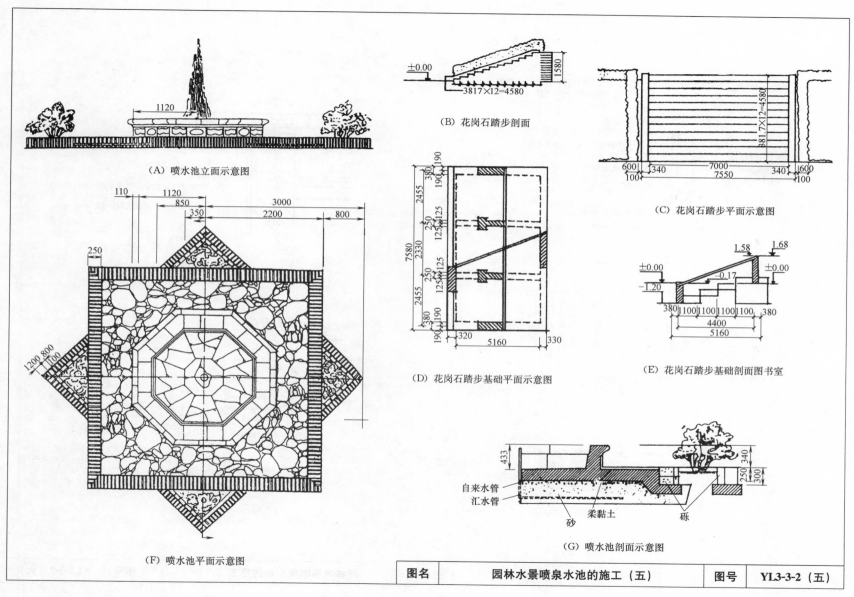

（A）喷水池立面示意图

（B）花岗石踏步剖面

（C）花岗石踏步平面示意图

（D）花岗石踏步基础平面示意图

（E）花岗石踏步基础剖面图书室

（F）喷水池平面示意图

自来水管
汇水管
柔黏土
砂
砾

（G）喷水池剖面示意图

| 图名 | 园林水景喷泉水池的施工（五） | 图号 | YL3-3-2（五） |

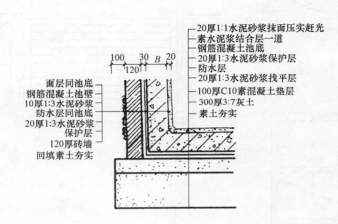

20厚1:1水泥砂浆抹面压实赶光
素水泥浆结合层一道
钢筋混凝土池底
20厚1:3水泥砂浆保护层
防水层
20厚1:3水泥砂浆找平层
100厚C10素混凝土垫层
300厚3:7灰土
素土夯实

面层同池底
钢筋混凝土池壁
10厚1:3水泥砂浆
防水层同池底
20厚1:3水泥砂浆保护层
120厚砖墙
回填素土夯实

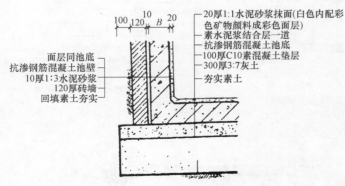

面层同池底
抗渗钢筋混凝土池壁
10厚1:3水泥砂浆
120厚砖墙
回填素土夯实

20厚1:1水泥砂浆抹面(白色内配彩色矿物颜料成彩色面层)
素水泥浆结合层一道
抗渗钢筋混凝土池底
100厚C10素混凝土垫层
300厚3:7灰土
夯实素土

（A）喷水池两种池底做法

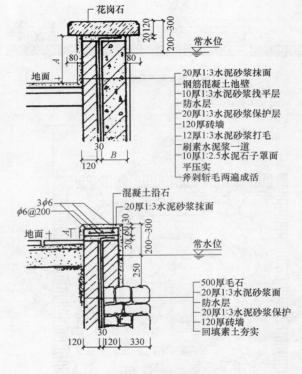

花岗石
常水位
地面

20厚1:3水泥砂浆抹面
钢筋混凝土池壁
10厚1:3水泥砂浆找平层
防水层
20厚1:3水泥砂浆保护层
120厚砖墙
12厚1:3水泥砂浆打毛
刷素水泥浆一道
10厚1:2.5水泥石子罩面平压实
斧剁斩毛两遍成活

混凝土沿石
20厚1:3水泥砂浆抹面
3φ6
φ6@200
地面
常水位

500厚毛石
20厚1:3水泥砂浆面
防水层
20厚1:3水泥砂浆保护
120厚砖墙
回填素土夯实

（B）喷水池两种池壁做法

| 图名 | 园林水景喷泉水池的施工（六） | 图号 | YL3-3-2（六） |

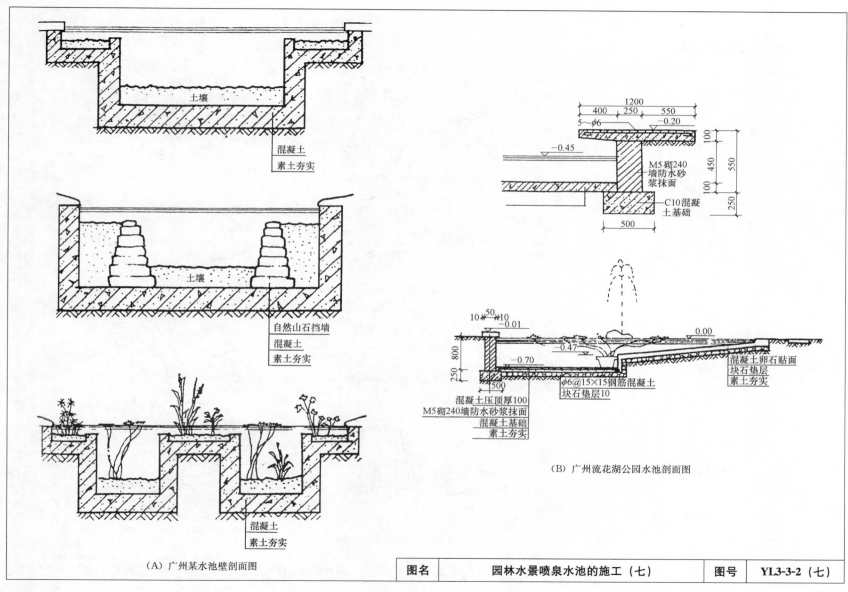

土壤

混凝土
素土夯实

自然山石挡墙
混凝土
素土夯实

混凝土
素土夯实

(A) 广州某水池壁剖面图

1200
400 250 550
5~φ6 −0.20
100
−0.45
450 550
M5砌240
墙防水砂
浆抹面
100
C10混凝
土基础
250
500

10 50 10
−0.01
0.00
800
−0.70 −0.47
250 混凝土卵石贴面
500 块石垫层
φ6@15×15钢筋混凝土 素土夯实
块石垫层10
混凝土压顶厚100
M5砌240墙防水砂浆抹面
混凝土基础
素土夯实

(B) 广州流花湖公园水池剖面图

| 图名 | 园林水景喷泉水池的施工（七） | 图号 | YL3-3-2（七） |

117

3.4 园林水景工程的施工

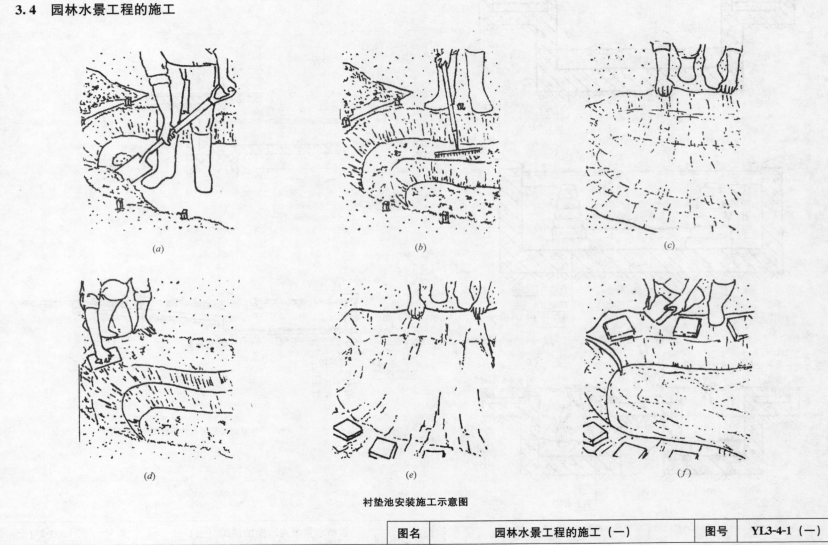

(a)	(b)	(c)
(d)	(e)	(f)

衬垫池安装施工示意图

图名	园林水景工程的施工（一）	图号	YL3-4-1（一）

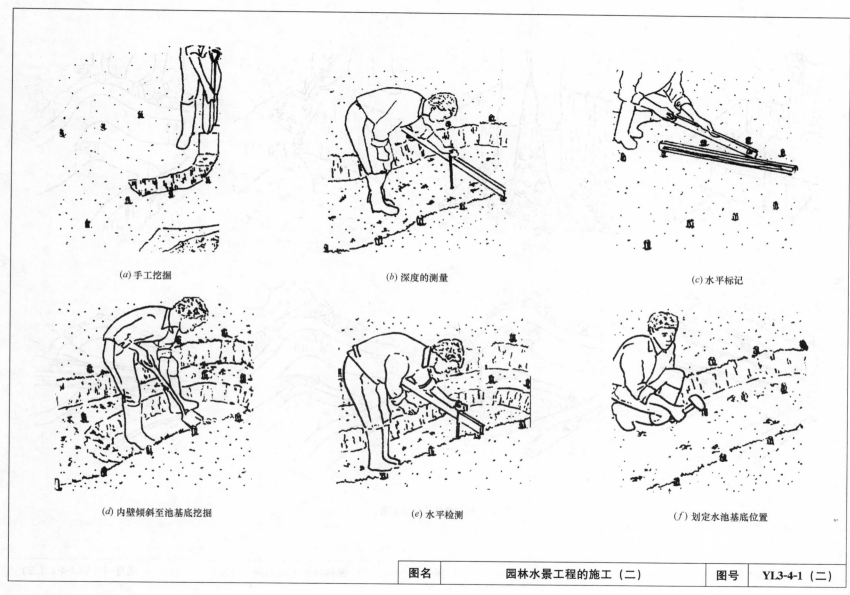

(a) 手工挖掘

(b) 深度的测量

(c) 水平标记

(d) 内壁倾斜至池基底挖掘

(e) 水平检测

(f) 划定水池基底位置

| 图名 | 园林水景工程的施工（二） | 图号 | YL3-4-1（二） |

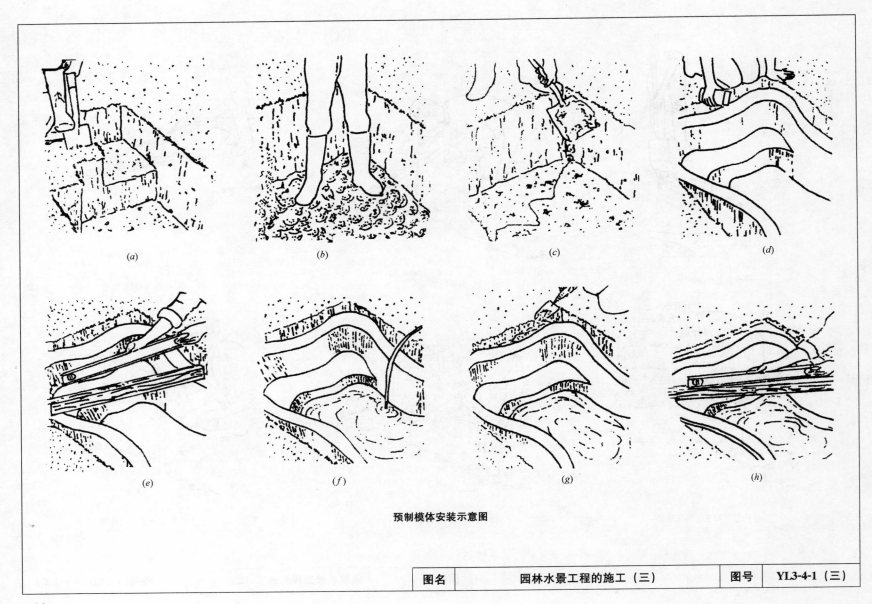

(a) (b) (c) (d)

(e) (f) (g) (h)

预制模体安装示意图

| 图名 | 园林水景工程的施工（三） | 图号 | YL3-4-1（三） |

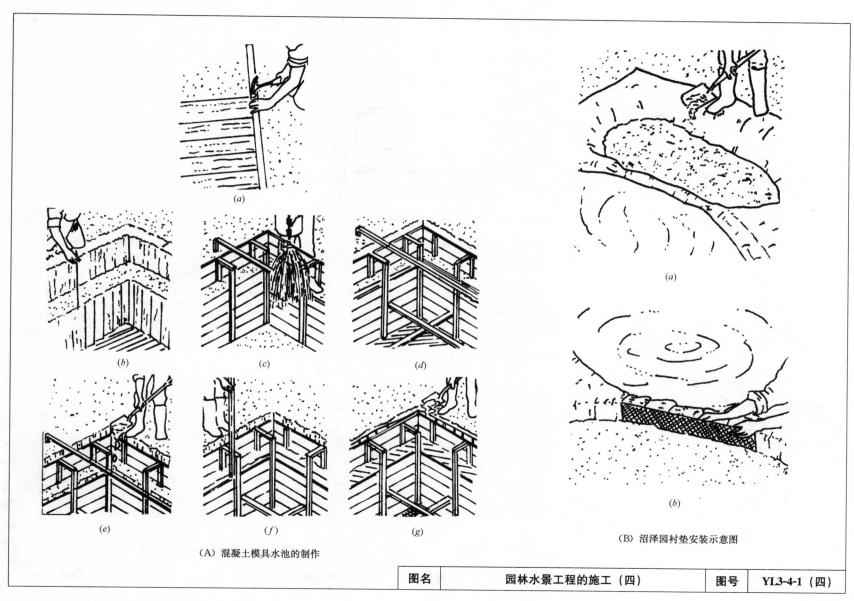

(a)

(b)

(c)

(d)

(e)

(f)

(g)

(A) 混凝土模具水池的制作

(a)

(b)

(B) 沼泽园衬垫安装示意图

| 图名 | 园林水景工程的施工（四） | 图号 | YL3-4-1（四） |

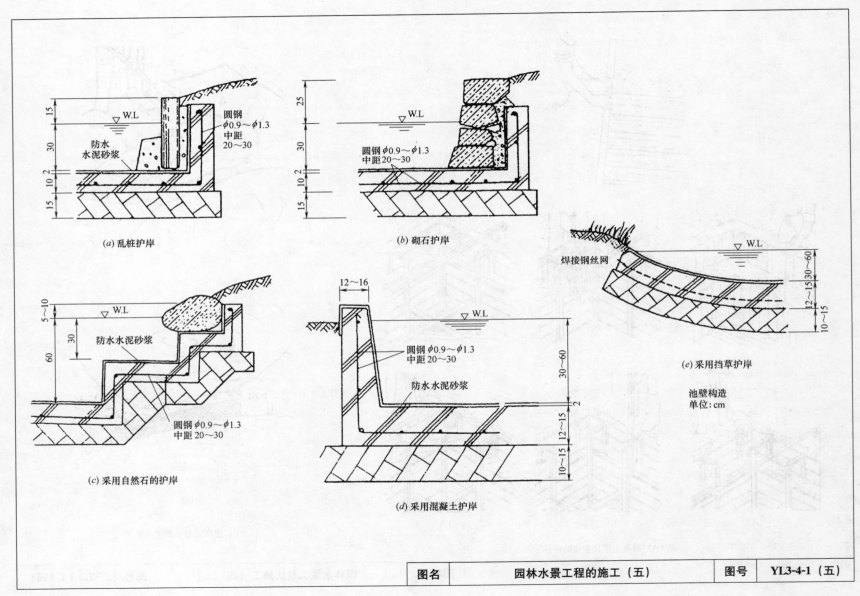

(a) 乱桩护岸

15
15
30
10 2
15

▽ W.L

防水
水泥砂浆

圆钢
φ0.9～φ1.3
中距
20～30

(b) 砌石护岸

25
30
10 2
15

▽ W.L

圆钢 φ0.9～φ1.3
中距 20～30

(c) 采用自然石的护岸

5～10
60
30

▽ W.L

防水水泥砂浆

圆钢 φ0.9～φ1.3
中距 20～30

(d) 采用混凝土护岸

12～16

▽ W.L

圆钢 φ0.9～φ1.3
中距 20～30

防水水泥砂浆

30～60
2
10～15 12～15

(e) 采用挡草护岸

焊接钢丝网

▽ W.L

30～60
12～15 30
10～15

池壁构造
单位:cm

| 图名 | 园林水景工程的施工（五） | 图号 | YL3-4-1（五） |

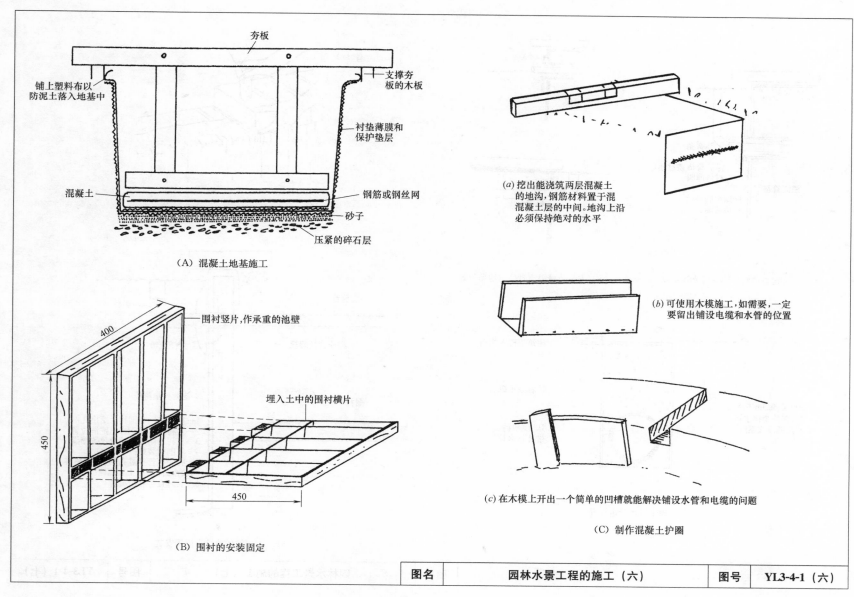

夯板

铺上塑料布以
防泥土落入地基中

支撑夯
板的木板

衬垫薄膜和
保护垫层

混凝土

钢筋或钢丝网

砂子

压紧的碎石层

（A）混凝土地基施工

(a) 挖出能浇筑两层混凝土
的地沟，钢筋材料置于混
凝土层的中间。地沟上沿
必须保持绝对的水平

围衬竖片，作承重的池壁

400

450

埋入土中的围衬横片

450

(b) 可使用木模施工，如需要，一定
要留出铺设电缆和水管的位置

(c) 在木模上开出一个简单的凹槽就能解决铺设水管和电缆的问题

（C）制作混凝土护圈

（B）围衬的安装固定

| 图名 | 园林水景工程的施工（六） | 图号 | YL3-4-1（六） |

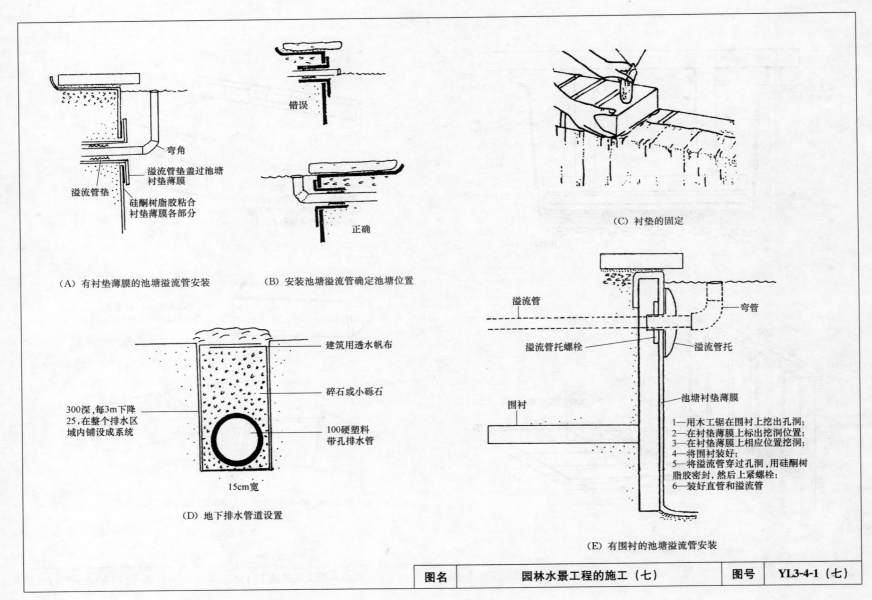

弯角

溢流管垫盖过池塘
衬垫薄膜

溢流管垫

硅酮树脂胶粘合
衬垫薄膜各部分

（A）有衬垫薄膜的池塘溢流管安装

错误

正确

（B）安装池塘溢流管确定池塘位置

（C）衬垫的固定

建筑用透水帆布

碎石或小砾石

300深，每3m下降
25，在整个排水区
域内铺设成系统

100硬塑料
带孔排水管

15cm宽

（D）地下排水管道设置

溢流管

弯管

溢流管托螺栓

溢流管托

围衬

池塘衬垫薄膜

1—用木工锯在围衬上挖出孔洞；
2—在衬垫薄膜上标出挖洞位置；
3—在衬垫薄膜上相应位置挖洞；
4—将围衬装好；
5—将溢流管穿过孔洞，用硅酮树
脂胶密封，然后上紧螺栓；
6—装好直管和溢流管

（E）有围衬的池塘溢流管安装

| 图名 | 园林水景工程的施工（七） | 图号 | YL3-4-1（七） |

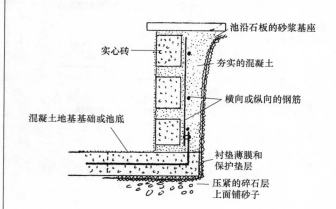

（A）混凝土砖池壁施工示意图（一）

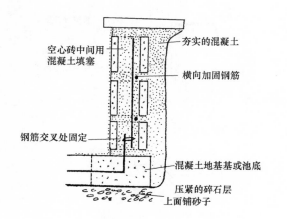

（B）混凝土砖池壁施工示意图（二）

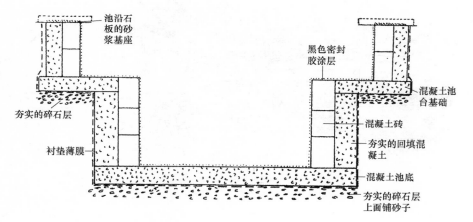

工序：
(1) 浇筑混凝土池底；
(2) 用砂浆砌池台以下的混凝土砖池壁；
(3) 回填混凝土；
(4) 浇筑混凝土边台基础；
(5) 用砂浆砌上半部混凝土砖池壁；
(6) 回填混凝土并夯实；
(7) 做砂浆基座，铺上压顶石；
(8) 抹底灰，刷黑色密封胶涂层。
注：每道工序之间相隔24h。

（C）建造混凝土砖池施工示意图

| 图名 | 园林水景工程的施工（八） | 图号 | YL3-4-1（八） |

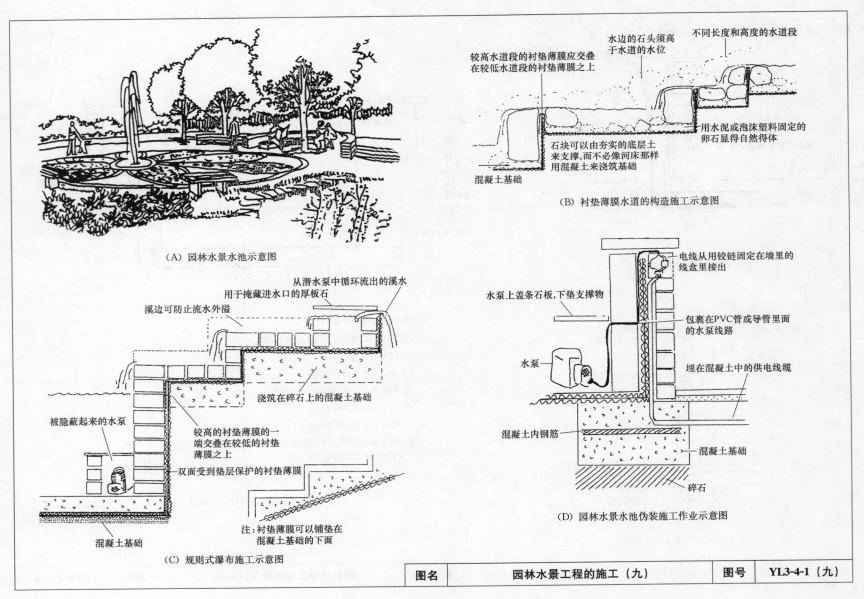

（A）园林水景水池示意图

较高水道段的衬垫薄膜应交叠在较低水道段的衬垫薄膜之上

水边的石头须高于水道的水位

不同长度和高度的水道段

用水泥或泡沫塑料固定的卵石显得自然得体

石块可以由夯实的底层土来支撑,而不必像河床那样用混凝土来浇筑基础

混凝土基础

（B）衬垫薄膜水道的构造施工示意图

从潜水泵中循环流出的溪水

用于掩藏进水口的厚板石

溪边可防止流水外溢

浇筑在碎石上的混凝土基础

被隐蔽起来的水泵

较高的衬垫薄膜的一端交叠在较低的衬垫薄膜之上

双面受到垫层保护的衬垫薄膜

混凝土基础

注:衬垫薄膜可以铺垫在混凝土基础的下面

（C）规则式瀑布施工示意图

电线从用铰链固定在墙里的线盒里接出

水泵上盖条石板,下垫支撑物

包裹在PVC管或导管里面的水泵线路

水泵

埋在混凝土中的供电线缆

混凝土内钢筋

混凝土基础

碎石

（D）园林水景水池伪装施工作业示意图

| 图名 | 园林水景工程的施工（九） | 图号 | YL3-4-1（九） |

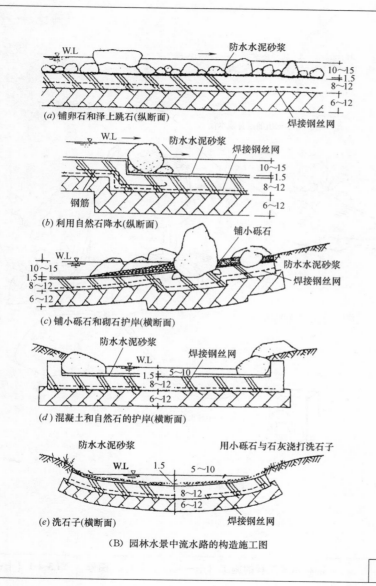

(a) 铺卵石和泽上跳石(纵断面)

(b) 利用自然石降水(纵断面)

(c) 铺小砾石和砌石护岸(横断面)

(d) 混凝土和自然石的护岸(横断面)

(e) 洗石子(横断面)

(B) 园林水景中流水路的构造施工图

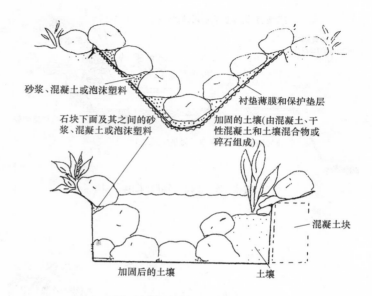

砂浆、混凝土或泡沫塑料

衬垫薄膜和保护垫层

石块下面及其之间的砂浆、混凝土或泡沫塑料

加固的土壤(由混凝土、干性混凝土和土壤混合物或碎石组成)

混凝土块

加固后的土壤

土壤

(A) 园林水景河床的构造示意图

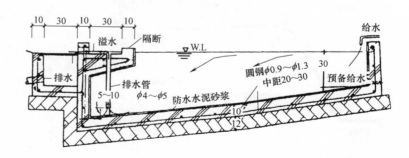

(C) 园林水景中水池的构造示意图

| 图名 | 园林水景工程的施工（十） | 图号 | YL3-4-1（十） |

127

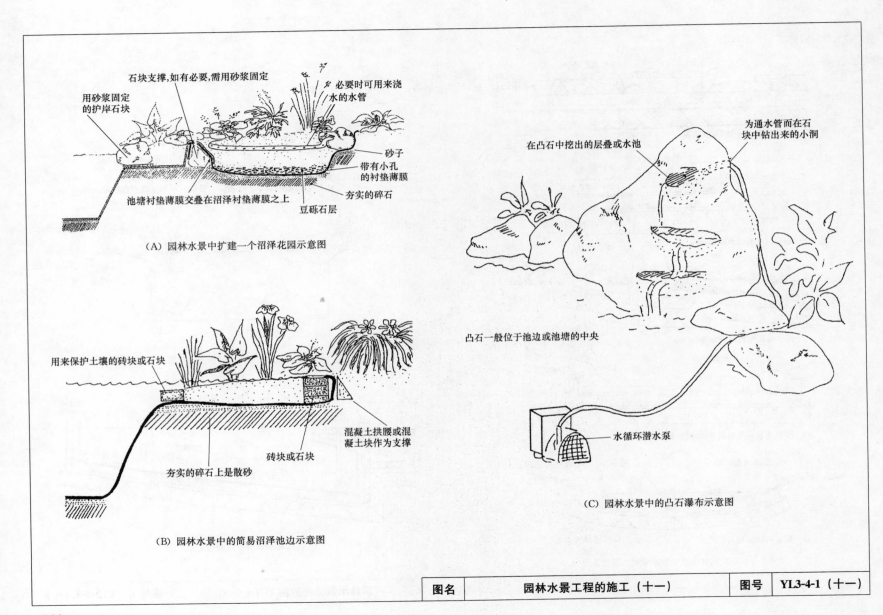

石块支撑,如有必要,需用砂浆固定

必要时可用来浇水的水管

用砂浆固定的护岸石块

砂子

带有小孔的衬垫薄膜

池塘衬垫薄膜交叠在沼泽衬垫薄膜之上

夯实的碎石

豆砾石层

（A）园林水景中扩建一个沼泽花园示意图

用来保护土壤的砖块或石块

混凝土拱腰或混凝土块作为支撑

砖块或石块

夯实的碎石上是散砂

（B）园林水景中的简易沼泽池边示意图

在凸石中挖出的层叠或水池

为通水管而在石块中钻出来的小洞

凸石一般位于池边或池塘的中央

水循环潜水泵

（C）园林水景中的凸石瀑布示意图

| 图名 | 园林水景工程的施工（十一） | 图号 | YL3-4-1（十一） |

3.5 园林景观中的驳岸工程设计与施工

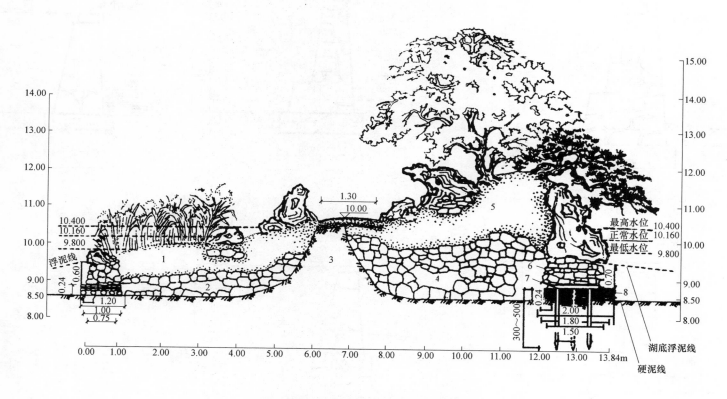

杭州市花港观鱼公园金鱼园驳岸工程设计

1—园林及西湖淤泥；2—碎石块填底；3—原有土埂；4—利用旧碎砖瓦等废物填底；5—在旧碎砖瓦等废物上方加埂土，每30cm厚进行夯实；

6—采用干砌石块的方法进行施工；7—每根桩头上盖石板；8—木柴沉褥，每束木柴直径约10～12cm，其间距约30cm左右

图名	园林景观中的驳岸工程设计与施工（一）	图号	YL3-5-1（一）

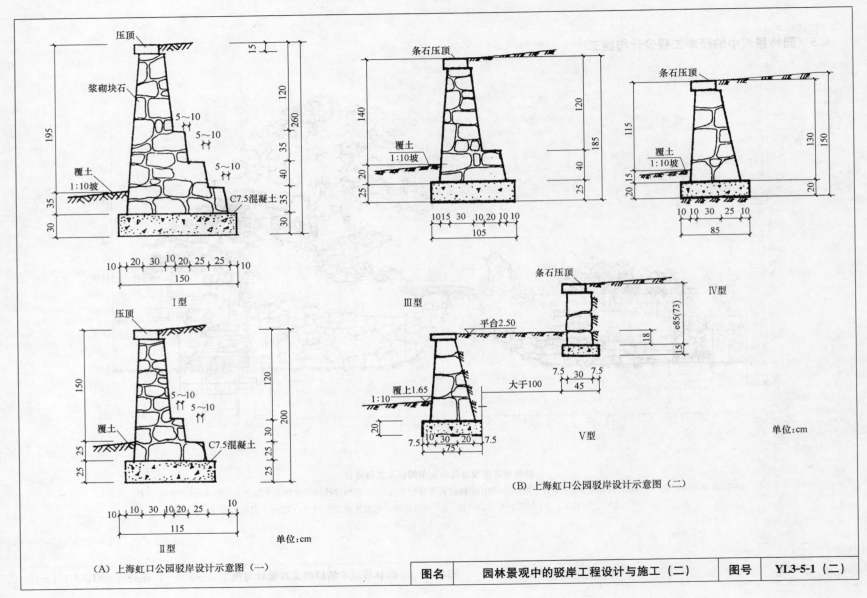

（A）上海虹口公园驳岸设计示意图（一）

（B）上海虹口公园驳岸设计示意图（二）

| 图名 | 园林景观中的驳岸工程设计与施工（二） | 图号 | YL3-5-1（二） |

上海虹口公园驳岸断面采用类型表

区间	标高（m）				高度（m）	驳岸类型	备注
	压顶	覆土	基础	平台			
0～1	3.25	1.85	1.40		1.40	Ⅲ	
1～2	3.20	1.65	1.15		1.55	Ⅱ	
2～3	城建局施工						
3～4	3.15	1.65	1.25		1.50	Ⅱ	覆土
4～5	3.00	1.70	1.25		1.30	Ⅲ	覆土
5～6	3.00	1.85	1.50		1.15	Ⅳ	
6～7	3.00	1.60	1.15		1.40	Ⅲ	
7～8	3.05	1.65	1.15	2.50		Ⅴ	踏步式
8～9	3.05	1.65	1.20		1.40	Ⅲ	覆土
9～10	3.10	1.70	1.25				外移
10～11	3.15	1.80	1.35		1.35	Ⅲ	内移
12～13	3.15	1.70	1.35		1.45	Ⅲ	地位变更
13～14	13.5					Ⅴ	踏步式
14～15	3.00				1.75	Ⅰ	外移
15～16	2.85				1.60	Ⅰ	原拆新建
16～17	整修						上装栏杆
17～18	3.30				1.50	Ⅱ	原拆外移
19～20	整修					Ⅱ	踏步式
20～21	3.15				1.40	Ⅲ	
21～22	3.00						
22～23	3.10				1.40	Ⅲ	
23～24	3.25				1.35	Ⅲ	
24～25	3.30				1.15	Ⅳ	
25～26	3.30				1.15	Ⅳ	
26～28	3.05				1.40	Ⅲ	

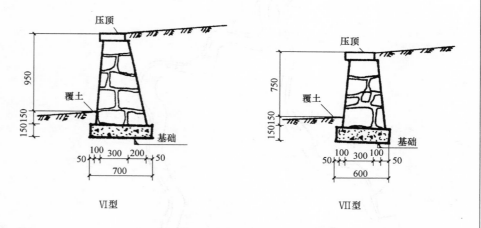

（C）上海虹口公园驳岸设计示意图（三）

注：

（1）平面未经详细测量，采用断面平面位置必须联系设计部门逐段这么样决定。

（2）覆土面必须填实，其表面的坡度为 1：10。

（3）所注标高必须按城建局新做窨井，并角以 3.15m 标高为准。

（4）块石驳岸截面大于 500mm，必须采用细石混凝土灌浆。对于小于 500mm 必须采用水泥砂浆基础，并做成混凝土驳岸。

（5）每 30m 左右做三油二毡伸缩缝一道（截面变化边），每 20m 毛竹出水口。

图名	园林景观中的驳岸工程设计与施工（三）	图号	YL3-5-1（三）

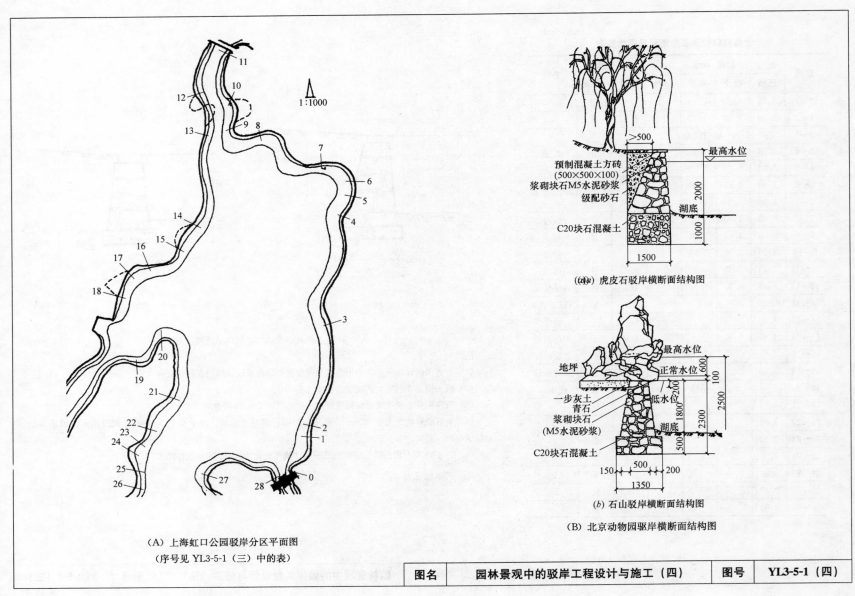

（A）上海虹口公园驳岸分区平面图
（序号见 YL3-5-1（三）中的表）

1:1000

预制混凝土方砖
（500×500×100）
浆砌块石M5水泥砂浆
级配砂石

C20块石混凝土

最高水位

湖底

（a）虎皮石驳岸横断面结构图

地坪

一步灰土
青石
浆砌块石
（M5水泥砂浆）

C20块石混凝土

最高水位
正常水位
低水位

湖底

（b）石山驳岸横断面结构图

（B）北京动物园驳岸横断面结构图

| 图名 | 园林景观中的驳岸工程设计与施工（四） | 图号 | YL3-5-1（四） |

4 园林假山景观

4.1 园林假山的功能与实例

城市假山的功能作用

序号	分　类	城市假山的功能作用	简明示意图
1	假山能成为园林划分空间和组织空间的手段	（1）假山在中国园林中运用如此广泛并不是偶然的，人工造山是有目的的。园林要求达到"虽由人作，宛自天开"的"各个景点"的手法，高超的艺术境界。园主为了满足游览活动的需要，必然要造就一些体现人工美的园林建筑。采用假山来组织空间，可以结合作为障景、对景、框景、背景、夹景等灵活手段的运用。如我国明清时期所建北京的颐和园、圆明园、北海公园，苏州的网师园，承德的避暑山庄等。 （2）园林设计善于运用"各个景点"的手法，根据用地功能和造景特色将园子化整为零，形成丰富多彩的景区。因此，这里就需要划分和组织空间，划分空间的手段很多，但利用假山划分空间是从地形骨架的角度来划分的，具有灵活和自然的特点。特别是采用与水相映成趣的结合来组织空间，使空间更富有性格的变化。 （3）例如，颐和园和昆明湖之间是宫殿区、居住区和游览区的交界，这里采用土山带石的做法堆一座假山。假山在分隔空间的同时结合了障景处理，在宏伟的仁寿殿后面，把园路收缩得很窄，并采用"之"字线形穿插而形成山区小道。一出谷口，辽阔、疏朗、明亮的昆明湖突然展现在人们的眼前。这种"欲放先收"的造景手法取得很好的现实效果。 （4）再如圆明园"武陵春色"表现世外桃源的意境，利用土山分隔成独立空间，其中又运用了两山夹水、时收时放的手法作出桃花溪、桃花洞、渔港等地形变化、于极狭窄处见到辽阔，似塞又通，由暗窥明，给人以"山重水复疑无路，柳暗花明又一村"的联想。 （5）此外，又如拙政园的枇杷园和远香堂、腰门一带的空间采用假山结合云墙的方式划分空间，从枇杷园内通过圆洞门北望雪香云蔚亭，又以由山石作为前置夹景，都是一些成功的范例	 苏州网师园中的"月到风来亭"景色

		图名	园林假山景观的功能与类型（一）	图号	YL4-1-1（一）

序号	分 类	城市假山的功能作用	简明示意图
2	假山可成为自然山水中的地形骨架与主要景色	（1）假山之所以得到广泛的应用，主要在于假山可以满足某些要求和愿望。在我国悠久的历史中，历代有名的和无名的假山设计师与匠工们吸取了土作、石作、泥作等方面的工程技术和中国山水画的传统理论和技法，通过实践创造了我国独特、优秀的假山工艺。 （2）设计师们如若采用突出主景方式的园林，特别要重视将假山作为自然山水中的地形骨架与主要景色，或以山为主景、或以山石为驳岸的水池作主景。如我国金代在太液池中用土筑人工造石相间手法堆叠的琼华岛（现北京的北海公园）、明代南京徐达王府之西园（现南京的瞻园）、明代所建的如今为上海的豫园、清代扬州的个园与苏州的环秀山庄等，都是总体布局以土为主、以水为辅，其建筑并不占主要的地位。	 北京北海公园中的"琼华岛白塔"景色
3	假山中运用山石小品来点缀园林空间和陪衬建筑物	（1）假山是以造景游览为主要目的，充分地结合其他多方面的功能作用，以土、石等为材料，以自然山水为蓝本并加以艺术提炼和夸张，用人工再造的山水景物的统称。山石的作用在我国南北各地园林中均有所见，特别是以江南私家园林运用最为广泛。 （2）例如苏州留园东部庭院的空间基本上是山石和植物装点的，有的则以山石作为花台，或者以石峰凌空，或者借粉墙、或者以竹与石结合作为长廊间转折的小空间和窗外的对景。 例如"揖峰轩"这个江南小庭院，在大天井中部立石峰，天井周围的角落里布置自然多变的山石花台，就是小天井或一线夹巷，也布置以适宜体量的特置石峰。游人环游其中，一个石景往往可以兼作几条视线对景。石景又以漏窗框景，增添了画面的层次和明暗的变化。这么四五处的山石小品布置，却由于游览视线的变化，而得到的是几十幅不同画面效果的美丽图画。 （3）再如，北京动物园爬行馆中的鳄鱼展览室，采用有空调设施的室内景园手法，构筑水池、假山，又以芭蕉象征热带植物，爬行馆的右侧假山作山泉小瀑，在花木水石的配合下，几尾鳄鱼或爬伏池岸或潜游池底，颇有一股热带气息吸引着广大游客	 苏州留园中的"中部庭院"景色

图名	园林假山景观的功能与类型（二）	图号	YL4-1-1（二）

序号	分　类	城市假山的功能作用	简明示意图
4	运用山石做挡土墙、驳岸、护坡及花台	（1）在园林坡度较陡的土山坡地常常散置着山石，用以护坡。这些山石可以阻挡和分散地面径流，降低地面径流的速度，达到减少山水流失的目的。例如北京的北海公园南山部分的群置山石、颐和园龙王庙土山上的散点山石等都有减少雨水冲刷的效果。在坡度更陡的山上往往开辟成自然式的台地，在山的内侧所形成的垂直面上，多采用山石做挡土墙。自然山石挡土墙与挡土墙的基本功能相同，而在外观上曲折、起伏、凸凹多致。例如颐和园中的"圆明斋"、"写秋轩"，北海公园的"酣古堂"、"亩鉴室"等周围都是自然山石的佳品。 （2）建筑空间室内外的划分是由传统的房屋概念形成的。在园林建筑中，室内外空间都很重要，在创作统一和谐的环境角度上，它的涵义也不尽相同。按照一般概念，在以建筑物围合的庭院空间布局中，中心的露天庭院与四周的厅、廊、榭、亭等，前者被视为室外空间，后者被视为室内空间的范围看，也可以把这些厅、廊、亭、榭视如围合单一空间的门、窗、墙面一样的手段，用它们来围合庭院空间，亦即是形成一个更大规模的半封闭的"室内"空间，而"室外"空间相应是庭院以外的空间了。 （3）例如，北海公园濠濮涧的空间处理是一个优良的范例，其建筑本身的平面布局并不奇特，但通过建筑物厅、桥、廊、亭、榭等曲折的错落变化，以及对室外空间的精心安排，诸如叠石堆山、引水筑池、绿化栽植等，使建筑和园林互相延伸、渗透，构成有机的整体，从而形成空间变化莫测、层次丰富、和谐完整、艺术格调很高的一组建筑空间。 （4）如果园林在使用土地面积有限的情况下，要堆起较高的土山，常利用山石作山脚的藩篱。这样，由于土容易崩溃而石可以砌成石墙，就可以缩小土山所占的底盘面积，而又具有相当的高度和体量。例如颐和园"仁寿殿"西面的土山、无锡的"寄畅园"西岸的土山都是采用这种做法。这是在规划的建筑范围中创造出自然疏密的变化，这与传统的雕塑艺术有不少相通的手法，有着异曲同工的艺术效果	 北海濠濮涧 北京北海公园里有个濠濮涧，其北为水庭，南为山庭。通过叠石假山与建筑物高低错落，相互穿插，其空间富于变化。

图名	园林假山景观的功能与类型（三）	图号	YL4-1-1（三）

序号	分 类	城市假山的功能作用	简明示意图
5	假山可以作为室内外自然式样的家具或器具的摆设	（1）园林中的屏风、石榻、石桌、石几、石凳、石栏等，既不怕日晒夜露，又可结合造景。例如无锡惠山山麓唐代之"听松石床"，床、枕兼得十一石，石床另端又镌有李阳冰所题的篆字"听松"，是实用结合的好例子。此外，山石还用作室内外楼梯、园桥、汀石和镶嵌门、窗、墙等。 （2）由于地区不同，历代匠师叠山，风格不尽相同。江南园林与北方园林的叠山，由于历史上的相互渗透，虽各有其个性，但多有相通处，近几年来，许多地区广泛采用了人工塑造假山，一般以砖砌体为躯干，饰以各种颜色、水泥砂浆等。山形、色质和气势颇清新，能够根据不同的庭景来进行塑造。 例如，广州文化公园内的一座园中园，其西庭、中庭、东庭都以人工塑造的山石，构成三种不同意境的水石庭，使支柱层下的各式平庭，显得新颖而富野趣；其西庭位于电梯与卫生间之间，花架、水廊前后呼应。大胆利用庭南的梯壁，塑出岩岭突兀，深深的壁形山岩洞穴。中庭与西庭不同，壁上的山石不采取嶙峋突兀的山石，而是将至顶的全部墙面塑成整片峭壁，壁上满刻民间传说的浮雕，壁下一片池水，给此壁潭岩与水石庭赋予了崭新的意境。东庭也是水石庭，却以山潭式的方法来构思设计，它巧妙地利用了北厅与贵宾室建筑的高差，使塑造出来的山石具有巍巍山巅之感，相形之下，山下的池潭变得更为幽深。此外，该园中还启用了具有岭南传统"群散"式来布局。北面的水石庭，启用了以孤赏石为主题来布置芭蕉院，启用了以井泉为主题布置的"廉泉"室内景园，启用了用英石叠砌的岭南传统的壁形山，这也是对我国岭南传统水、石景的继承和运用，作出了较全面的探索。 （3）目前，园林中常采用山石放在水池里、草坪上做成汀步小路，既有造景作用，又满足了散步游览的功能需要。山石布置在草坪上、树下、园路边，就可以代替园林桌椅板凳，具有自然别致的使用效果。此外，山石上还可以雕刻字画，作为名景、植物名的标牌石，指引路线的指路石和警诫游人的劝诫石等	 苏州环秀山庄中的"西部楼廊"景观

图名	园林假山景观的功能与类型（四）	图号	YL4-1-1（四）

苏州狮子林中的"水池与假山"景观

| 图名 | 著名园林假山景观设计照片图（一） | 图号 | YL4-1-2（一） |

（B）北京颐和园中的"万寿山"景观

　　万寿山，地处于颐和园的中心部位，是宫廷功能、宗教功能、园林功能的集中体现。从昆明湖北岸的中间码头开始，经过云辉玉宇排楼、排云门、金水桥、二宫门、排云殿、德辉殿、佛香阁、众香界、智慧海九个层次，层层上升。从水面一直到山顶构成一条垂直上升的中轴线。无论是从下往上仰视还是从上往下俯视，那层层升高的宏伟建筑，充分展示了这座皇宫御苑的皇家气派。

（A）苏州艺圃中的"乳鱼亭及石湖假山"景观

图名	著名园林假山景观设计照片图（二）	图号	YL4-1-2（二）

（A）苏州狮子林中的"人工瀑布与假山"景观

（B）苏州狮子林中的"花式蓝厅及假山"景观

| 图名 | 著名园林假山景观设计照片图（三） | 图号 | YL4-1-2（三） |

（A）苏州环秀山庄中的"边楼及假山"景观

（B）苏州怡园中的"假山及螺髻亭"景观

（C）苏州怡园中的"岁寒草庐南庭院"景观

（D）苏州环秀山庄中的"假山西面"景观

| 图名 | 著名园林假山景观设计照片图（四） | 图号 | YL4-1-2（四） |

（A）苏州狮子林中的"竹林阁与假山"景观

（B）苏州狮子林中的"水池、假山与阁楼"景观

狮子林为苏州四大名园之一，至今已有650多年的历史，为元代园林的代表。位于江苏省苏州市城区，园内假山遍布，长廊环绕，楼台隐现，曲径通幽，有迷阵一般的感觉。长廊的墙壁中嵌有宋代四大名家苏轼、米芾、黄庭坚、蔡襄的书法碑及南宋文天祥《梅花诗》的碑刻作品。狮子林以湖山奇石，洞壑深邃而盛名于世，素有"假山王国"之美誉。

图名	著名园林假山景观设计照片图（五）	图号	YL4-1-2（五）

（B）苏州狮子林中的"文天祥石碑亭与假山"景观

（A）苏州狮子林中的"扇面亭与假山"景观

图名	**著名园林假山景观设计照片图（六）**	图号	YL4-1-2（六）

（A）苏州环秀山庄中的"假山、水涧、石壁及石桥"景观

（B）苏州环秀山庄的"水涧"景观

| 图名 | 著名园林假山景观设计照片图（七） | 图号 | YL4-1-2（七） |

（A）苏州留园中的"冠云亭"景观

（B）苏州留园中的"池东假山及亭楼"景观

留园为苏州四大名园之一。也是全国四大名园之一（其余三大名园为北京颐和园、河北承德避暑山庄、苏州拙政园）。原为明嘉靖时太仆寺少卿徐泰时的东园，清嘉庆时刘恕改建，称寒碧山庄。光绪初年易主，改名留园。现在的留园大致分为中、东、北、西四个部分。

图名	著名园林假山景观设计照片图（八）	图号	YL4-1-2（八）

(A) 苏州怡园中的"假山半景"景观

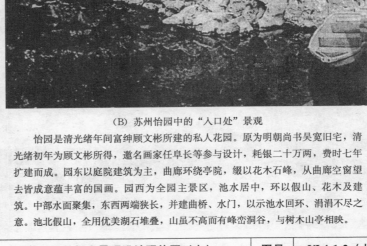

(B) 苏州怡园中的"入口处"景观

　　怡园是清光绪年间富绅顾文彬所建的私人花园。原为明朝尚书吴宽旧宅，清光绪初年为顾文彬所得，邀名画家任阜长等参与设计，耗银二十万两，费时七年扩建而成。园东以庭院建筑为主，曲廊环绕亭院，缀以花木石峰，从曲廊空窗望去皆成意蕴丰富的国画。园西为全园主景区，池水居中，环以假山、花木及建筑。中部水面聚集，东西两端狭长，并建曲桥、水门，以示池水回环、涓涓不尽之意。池北假山，全用优美湖石堆叠，山虽不高而有峰峦洞谷，与树木山亭相映。

| 图名 | 著名园林假山景观设计照片图（九） | 图号 | YL4-1-2（九） |

江苏省吴江同里镇名景退思园中的"假山及眠云亭"景观

退思园位于江苏吴江同里镇东溪街，为古镇的主要风景点，由清任先罢官归乡所建，含"退则思过"之意，故名退思园。退思园总面积为九亩八分。此园一改以往园林的纵向结构，现时变为横向结构建造，左为宅，中为庭，右为园。全园格局紧凑自然，结合植物点缀，呈现出一派四时的景色，给人以清朗、幽静之感。退思园简朴淡雅，而且其建筑皆紧贴水面，好比整个园林建于水上，是全国唯一的紧贴面的园建筑。

图名	著名园林假山景观设计照片图（十）	图号	YL4-1-2（十）

4.2 园林假山工程景观平面图的设计

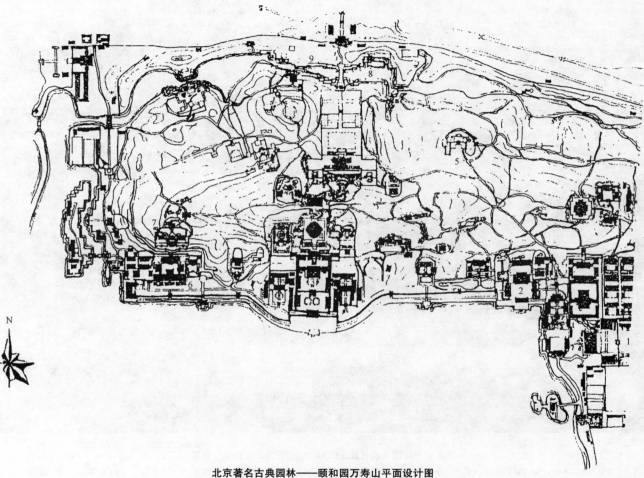

北京著名古典园林——颐和园万寿山平面设计图

1—朝房部分；2—乐寿堂；3—排云殿；4—佛香阁；5—多宝塔；6—听鹂馆；7—画中游；8—苏州河；9—苏州街

图名	北京颐和园万寿山平面设计图	图号	YL4-2-1

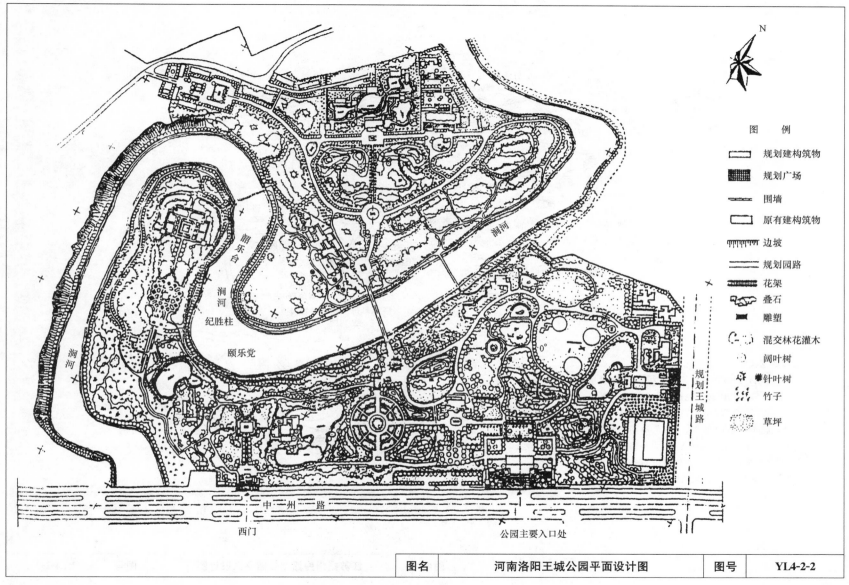

图例

规划建构筑物
规划广场
围墙
原有建构筑物
边坡
规划园路
花架
叠石
雕塑
混交林花灌木
阔叶树
针叶树
竹子
草坪

N

韶乐台
涧河
涧河
纪胜柱
涧河
颐乐党
涧河

规划王城路

中州路

西门

公园主要入口处

| 图名 | 河南洛阳王城公园平面设计图 | 图号 | YL4-2-2 |

149

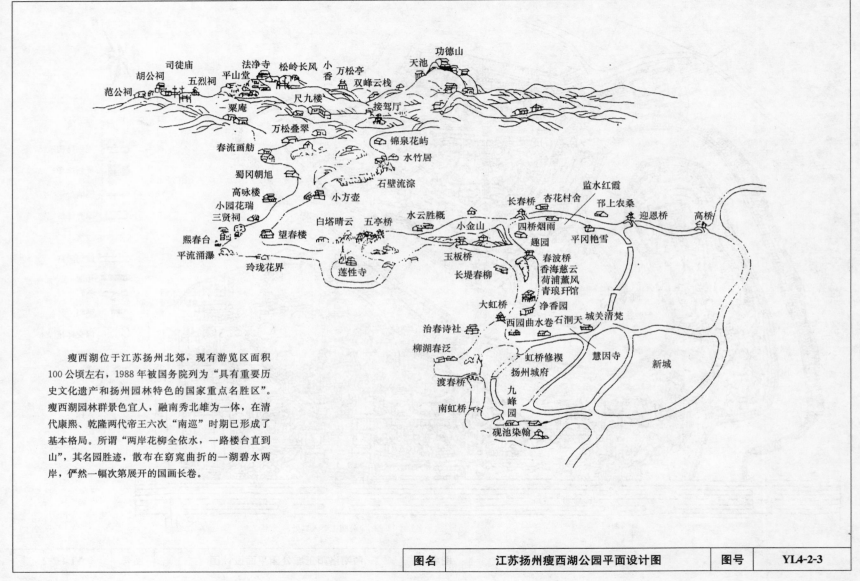

司徒庙　法净寺　松岭长风　小
胡公祠　　五烈祠　平山堂　　　　香　万松亭
范公祠　　　　　　　　　　尺九楼　　双峰云栈
　　　　　一栗庵
　　　　　　　万松叠翠　　　　　接驾厅
　　　春流画舫　　　　　锦泉花屿
　　蜀冈朝旭　　　　　　　水竹居
　　高咏楼　　　小方壶　　石壁流淙
　小园花瑞
　三贤祠
熙春台　　望春楼　白塔晴云　五亭桥　水云胜概
平流涌瀑　　　　　　　　　　　　　　小金山
　　　玲珑花界　　　　玉板桥
　　　　　　　莲性寺　　长堤春柳
　　　　　　　　　　　　　　大虹桥
　　　　　治春诗社
　　　柳湖春泛
　　　　　渡春桥
　　　南虹桥　　　九峰园
　　　　砚池染翰

功德山
天池
监水红霞
长春桥　杏花村舍　邗上农桑　迎恩桥　高桥
四桥烟雨　平冈艳雪
趣园
春波桥
香海慈云
荷浦薰风
青琅玕馆
净香园
西园曲水卷石洞天　城关清梵
虹桥修禊　慧因寺　新城
扬州城府

瘦西湖位于江苏扬州北郊，现有游览区面积
100公顷左右，1988年被国务院列为"具有重要历
史文化遗产和扬州园林特色的国家重点名胜区"。
瘦西湖园林群景色宜人，融南秀北雄为一体，在清
代康熙、乾隆两代帝王六次"南巡"时期已形成了
基本格局。所谓"两岸花柳全依水，一路楼台直到
山"，其名园胜迹，散布在窈窕曲折的一湖碧水两
岸，俨然一幅次第展开的国画长卷。

图名	江苏扬州瘦西湖公园平面设计图	图号	YL4-2-3

150

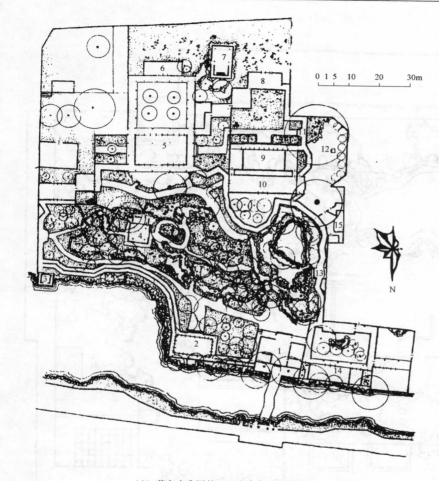

（A）著名古典园林——沧浪亭平面设计图

1—大门；2—面水轩；3—观鱼处；4—沧浪亭；5—明道堂；6—瑶华仙境；7—香山楼；8—翠玲珑；
9—五百名贤祠；10—清香馆；11—仰止亭；12—砖刻照壁；13—御碑；14—藕花水榭；15—厕所

（B）苏州著名古典园林——网师园平面设计图

1、3—大门；2—轿厅；4—花厅；5—小山丛桂轩；6—琴室；7—蹈和馆；
8—濯缨水阁；9—月到风来亭；10—殿春簃；11—看松读画轩；
12—集虚斋；13—楼上读画楼；14—楼下五峰书屋；15—梯云室；
16—茶室；17—花房；18—苗圃；19—厕所

图名	苏州沧浪与网师园平面设计图	图号	YL4-2-4

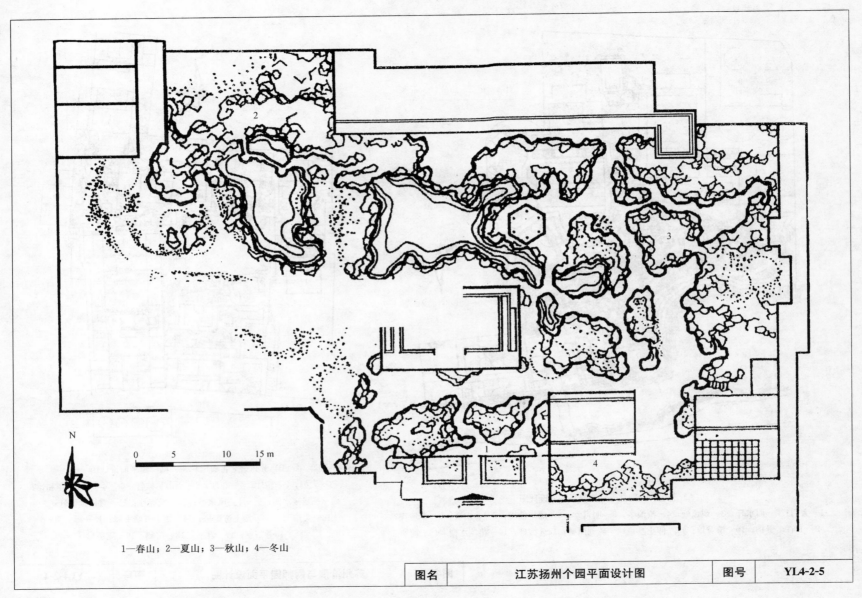

N

0 5 10 15 m

1—春山；2—夏山；3—秋山；4—冬山

| 图名 | 江苏扬州个园平面设计图 | 图号 | YL4-2-5 |

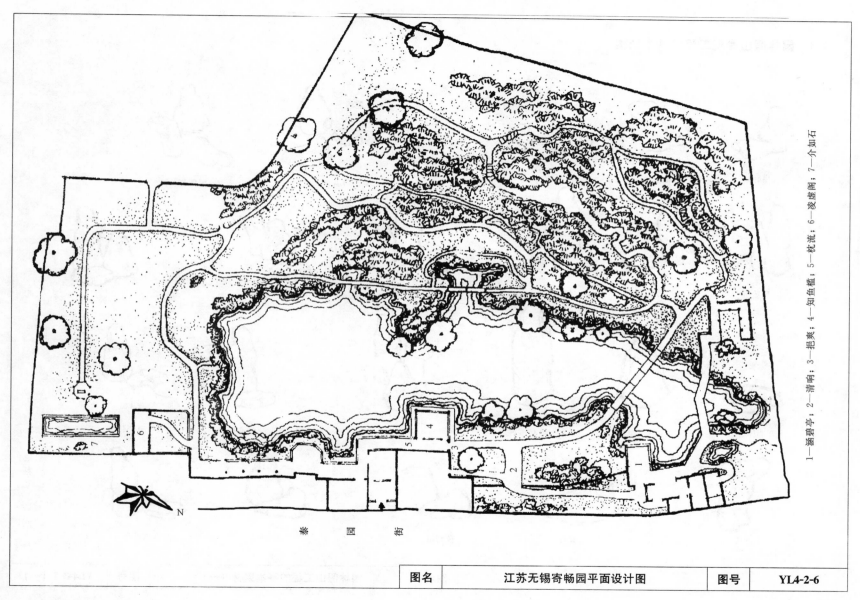

1—涵碧亭；2—清响；3—招爽；4—知鱼槛；5—枕流；6—凌虚阁；7—一个如石

锡　园　街

N

| 图名 | 江苏无锡寄畅园平面设计图 | 图号 | YL4-2-6 |

153

4.3 园林假山景观工程的基本结构

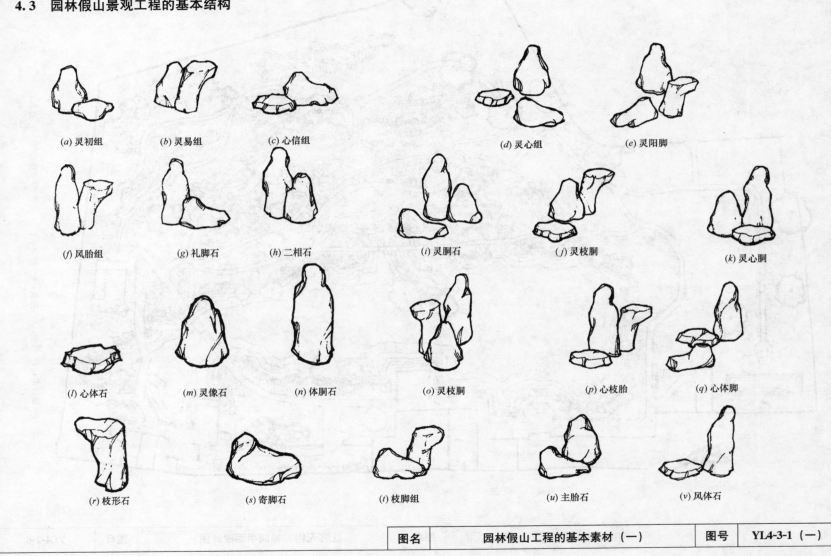

(a) 灵初组　　　　(b) 灵易组　　　　(c) 心信组　　　　　　(d) 灵心组　　　　　(e) 灵阳脚

(f) 风胎组　　(g) 礼脚石　　(h) 二相石　　　　(i) 灵胴石　　　(j) 灵枝胴　　　(k) 灵心胴

(l) 心体石　　(m) 灵像石　　(n) 体胴石　　　(o) 灵枝胴　　　(p) 心枝胎　　(q) 心体脚

(r) 枝形石　　　　(s) 寄脚石　　　　(t) 枝脚组　　　　(u) 主胎石　　　　(v) 风体石

图名	园林假山工程的基本素材（一）	图号	YL4-3-1（一）

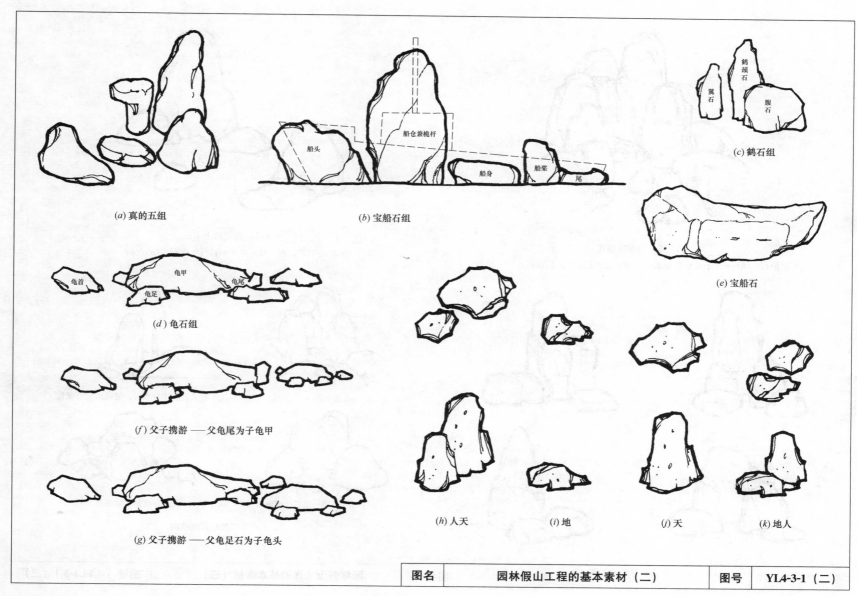

(a) 真的五组

(b) 宝船石组

船头　船仓兼桅杆　船身　船桨　尾

(c) 鹤石组

翼石　鹤颈石　腹石

(e) 宝船石

(d) 龟石组

龟首　龟甲　龟尾　龟足

(f) 父子携游——父龟尾为子龟甲

(g) 父子携游——父龟足石为子龟头

(h) 人天　(i) 地　(j) 天　(k) 地人

| 图名 | 园林假山工程的基本素材（二） | 图号 | YL4-3-1（二） |

（A）瀑布的基本形式

（a）守护石；（b）童子石；（c）受水石；（d）分水石；（e）回流石；（f）镜石

（B）真的枯山水石

（a）守护石；（b）童子石；（c）座石；（d）分石

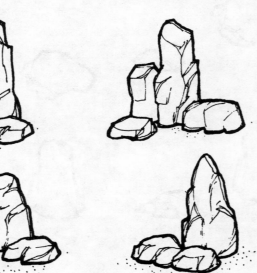

（C）常见枯瀑布的实例

（a）近似基本型

（b）童子石兼作分水石，使流水姿态变化

（c）采用一块石构成瀑布

（d）分成雌、雄瀑布

（D）常用瀑布石组类别

图名	园林假山工程的基本素材（三）	图号	YL4-3-1（三）

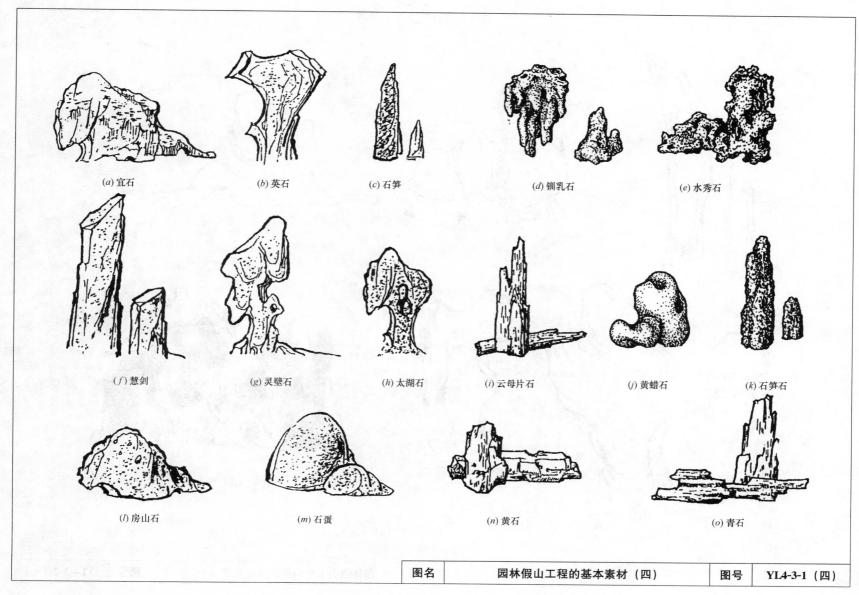

(a) 宜石　　(b) 英石　　(c) 石笋　　(d) 钏乳石　　(e) 水秀石

(f) 慧剑　　(g) 灵壁石　　(h) 太湖石　　(i) 云母片石　　(j) 黄蜡石　　(k) 石笋石

(l) 房山石　　(m) 石蛋　　(n) 黄石　　(o) 青石

| 图名 | 园林假山工程的基本素材（四） | 图号 | YL4-3-1（四） |

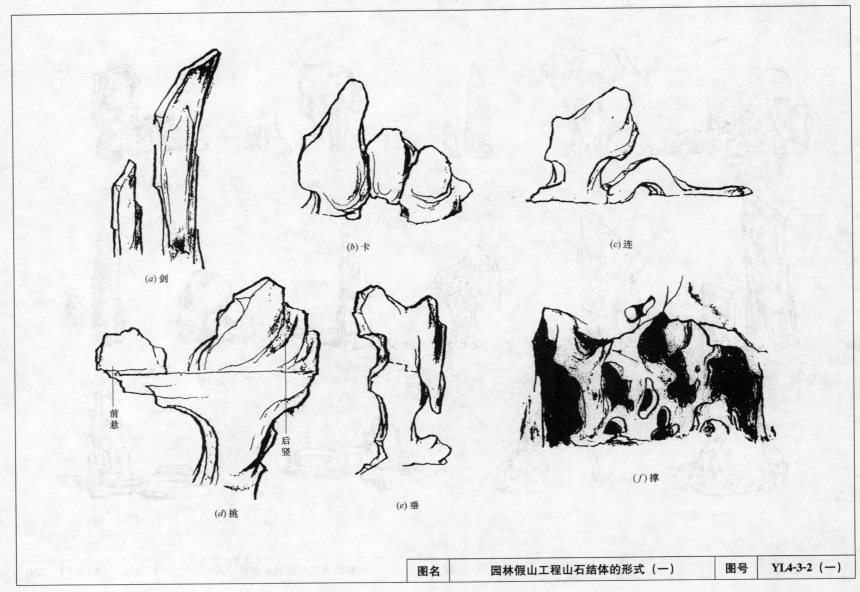

(a) 剑

(b) 卡

(c) 连

(d) 挑

前悬

后竖

(e) 垂

(f) 撑

| 图名 | 园林假山工程山石结体的形式（一） | 图号 | YL4-3-2（一） |

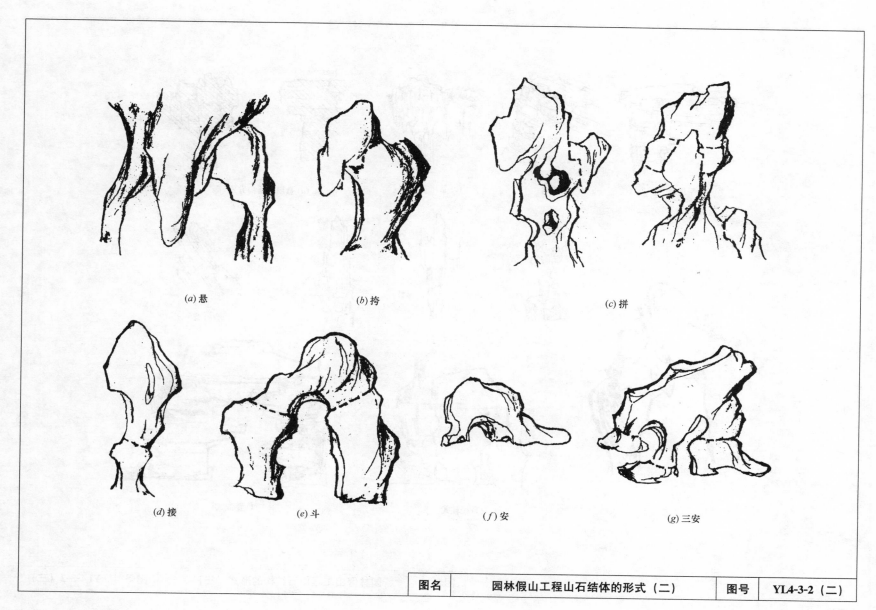

(a) 悬　　　　　(b) 挎　　　　　(c) 拼

(d) 接　　　(e) 斗　　　(f) 安　　　(g) 三安

| 图名 | 园林假山工程山石结体的形式（二） | 图号 | YL4-3-2（二） |

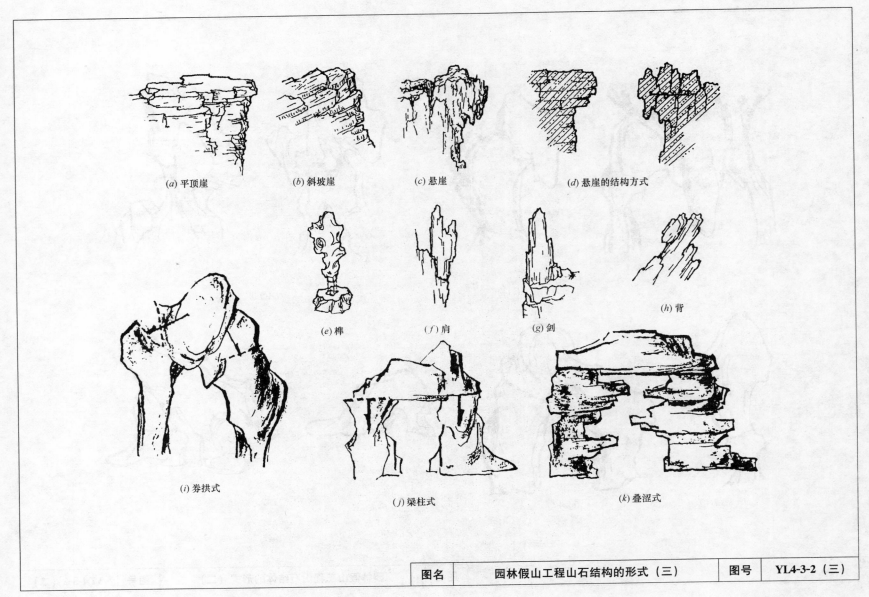

(a) 平顶崖　　(b) 斜坡崖　　(c) 悬崖　　(d) 悬崖的结构方式

(e) 榫　　(f) 肩　　(g) 剑　　(h) 背

(i) 券拱式

(j) 梁柱式

(k) 叠涩式

| 图名 | 园林假山工程山石结构的形式（三） | 图号 | YL4-3-2（三） |

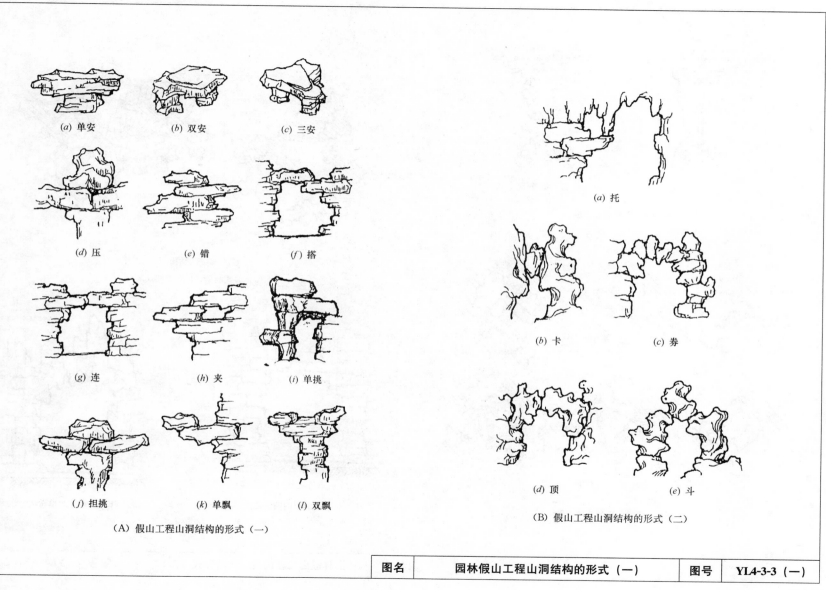

(a) 单安　　(b) 双安　　(c) 三安

(d) 压　　(e) 错　　(f) 搭

(g) 连　　(h) 夹　　(i) 单挑

(j) 担挑　　(k) 单飘　　(l) 双飘

（A）假山工程山洞结构的形式（一）

(a) 托

(b) 卡　　(c) 券

(d) 顶　　(e) 斗

（B）假山工程山洞结构的形式（二）

| 图名 | 园林假山工程山洞结构的形式（一） | 图号 | YL4-3-3（一） |

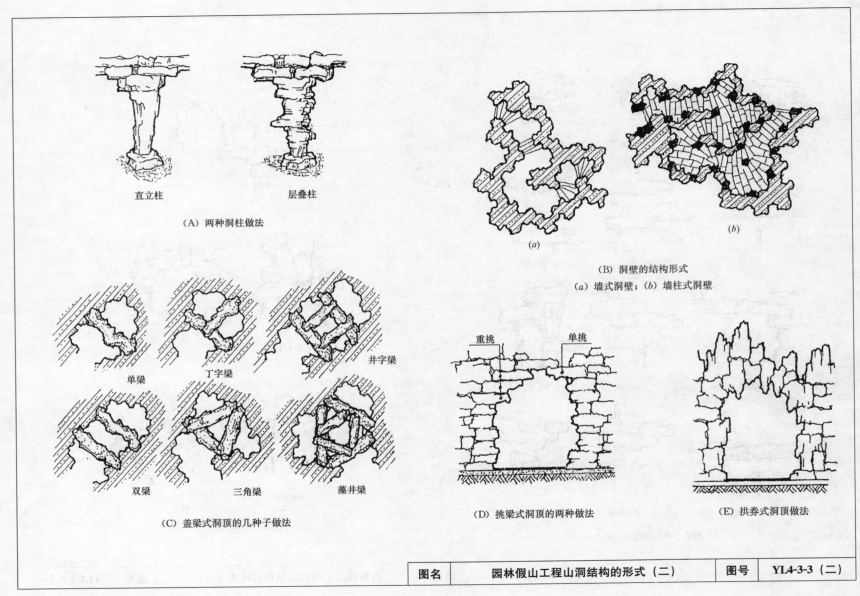

（A）两种洞柱做法

直立柱　　　层叠柱

（B）洞壁的结构形式
（a）墙式洞壁；（b）墙柱式洞壁

（a）　　　（b）

单梁　　丁字梁　　井字梁

双梁　　三角梁　　藻井梁

（C）盖梁式洞顶的几种子做法

重挑　　　单挑

（D）挑梁式洞顶的两种做法

（E）拱券式洞顶做法

| 图名 | 园林假山工程山洞结构的形式（二） | 图号 | YL4-3-3（二） |

(a) 环透式假山

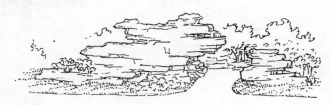

(b) 层叠式假山

(c) 竖立式假山

(B) 假山的结构形式

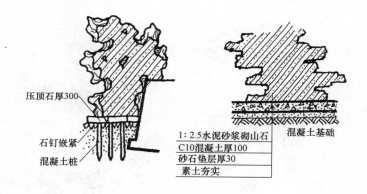

压顶石厚300

石钉嵌紧

混凝土桩

1：2.5水泥砂浆砌山石
C10混凝土厚100
砂石垫层厚30
素土夯实

混凝土基础

(A) 桩基础

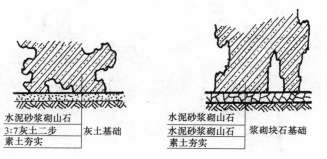

水泥砂浆砌山石
3:7灰土二步
素土夯实

灰土基础

水泥砂浆砌山石
水泥砂浆砌山石
素土夯实

浆砌块石基础

(C) 假山基础

图名	园林假山工程结构的基本形式（一）	图号	YL4-3-4（一）

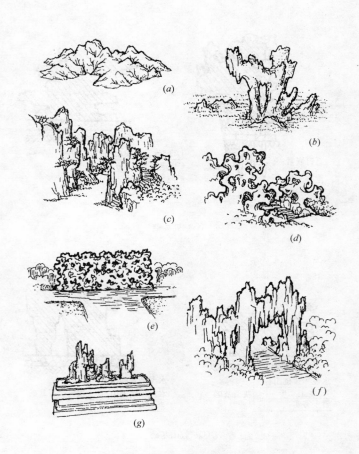

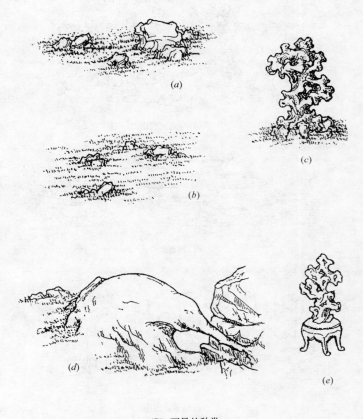

（A）假山的类型

（a）、（b）仿真型；（c）、（d）写意型；（e）、（f）实用型；（g）盆景型

（B）石景的种类

（a）子母石；（b）散兵石；（c）单峰石；（d）象形石；（e）石玩石

图名	园林假山工程结构的基本形式（二）	图号	YL4-3-4（二）

4.4 园林假山景观工程的造价设计

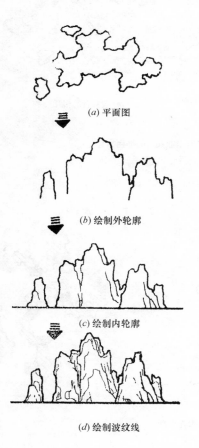

(a) 平面图

(b) 绘制外轮廓

(c) 绘制内轮廓

(d) 绘制波纹线

（A）假山立面图设计步骤

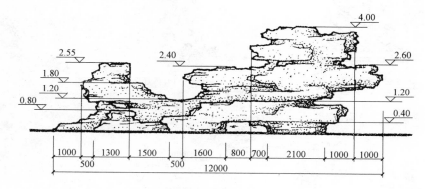

(a) 假山立面示意图

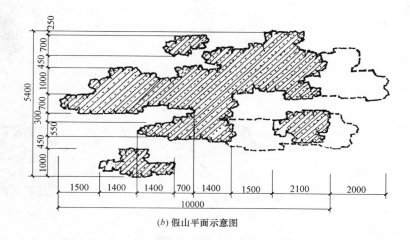

(b) 假山平面示意图

（B）假山平面、立面设计示意图

图名	园林假山景观工程的立面设计（一）	图号	YL4-4-1（一）

165

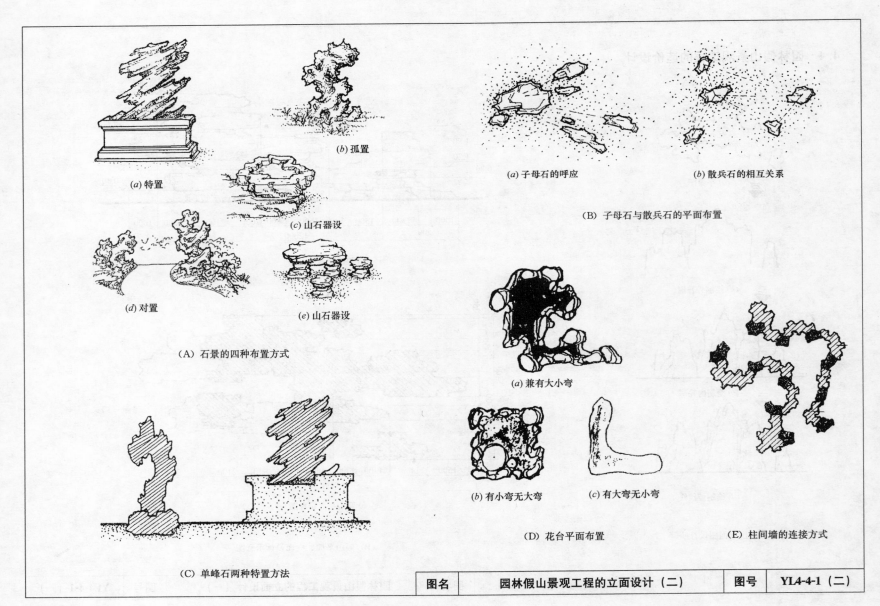

(a) 特置

(b) 孤置

(c) 山石器设

(d) 对置

(e) 山石器设

(A) 石景的四种布置方式

(a) 子母石的呼应

(b) 散兵石的相互关系

(B) 子母石与散兵石的平面布置

(a) 兼有大小弯

(b) 有小弯无大弯

(c) 有大弯无小弯

(D) 花台平面布置

(E) 柱间墙的连接方式

(C) 单峰石两种特置方法

图名	园林假山景观工程的立面设计（二）	图号	YL4-4-1（二）

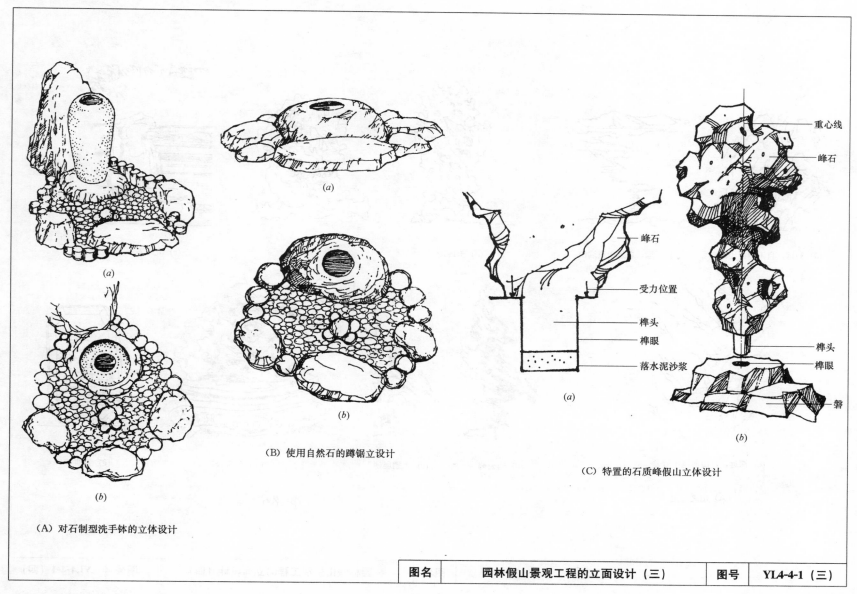

（a）

（a）

（b）

（A）对石制型洗手钵的立体设计

（B）使用自然石的蹲锯立设计

重心线

峰石

峰石

受力位置

榫头

榫眼

落水泥沙浆

榫头

榫眼

磐

（a）

（b）

（C）特置的石质峰假山立体设计

| 图名 | 园林假山景观工程的立面设计（三） | 图号 | YL4-4-1（三） |

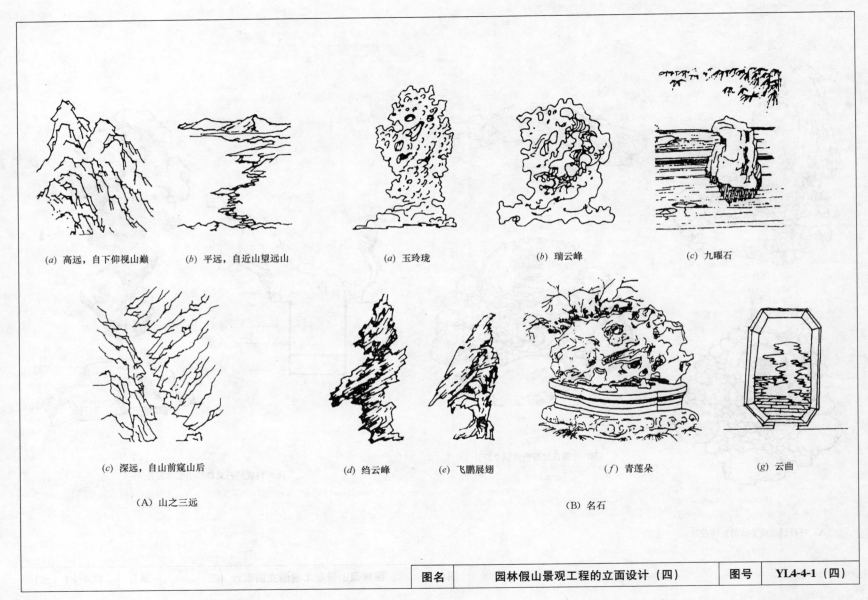

(a) 高远，自下仰视山巅　　　(b) 平远，自近山望远山

(a) 玉玲珑　　　　(b) 瑞云峰　　　　(c) 九曜石

(c) 深远，自山前窥山后

(d) 绉云峰　　(e) 飞鹏展翅　　(f) 青莲朵　　(g) 云曲

（A）山之三远

（B）名石

| 图名 | 园林假山景观工程的立面设计（四） | 图号 | YL4-4-1（四） |

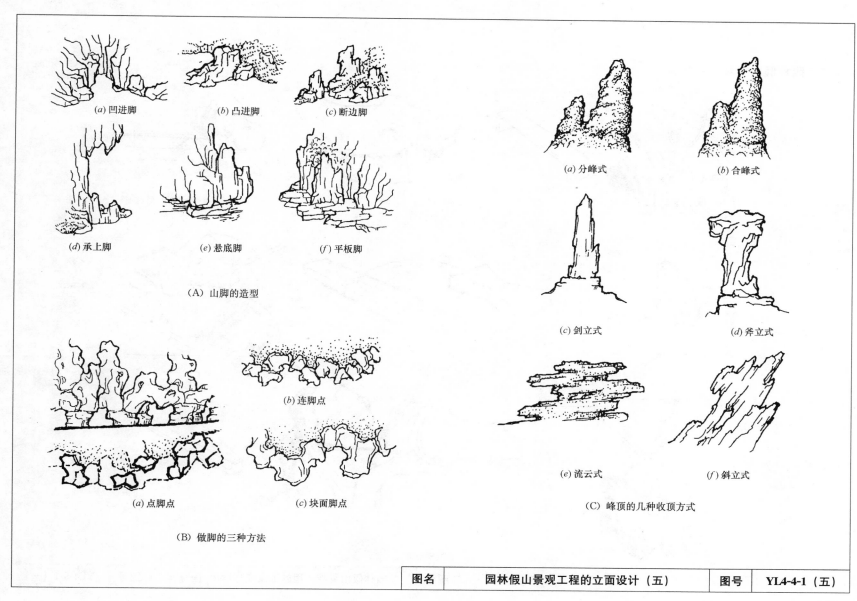

(a) 凹进脚　　(b) 凸进脚　　(c) 断边脚

(d) 承上脚　　(e) 悬底脚　　(f) 平板脚

（A）山脚的造型

(b) 连脚点

(a) 点脚点　　(c) 块面脚点

（B）做脚的三种方法

(a) 分峰式　　(b) 合峰式

(c) 剑立式　　(d) 斧立式

(e) 流云式　　(f) 斜立式

（C）峰顶的几种收顶方式

| 图名 | 园林假山景观工程的立面设计（五） | 图号 | YL4-4-1（五） |

4.5 园林假山景观工程的施工

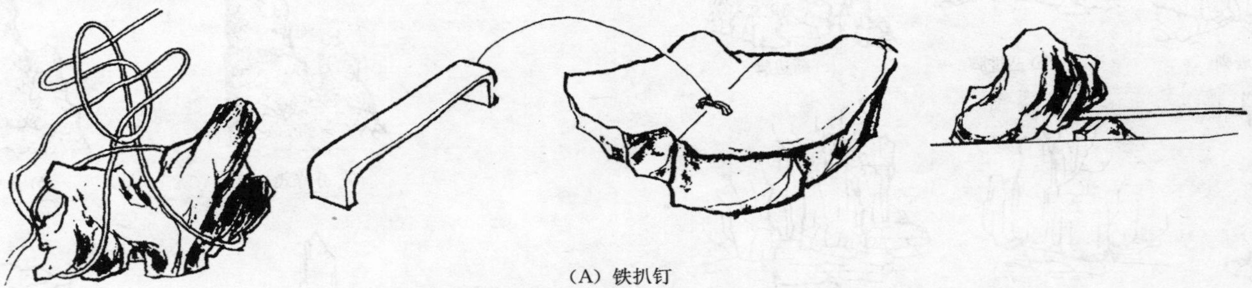

（A）铁扒钉

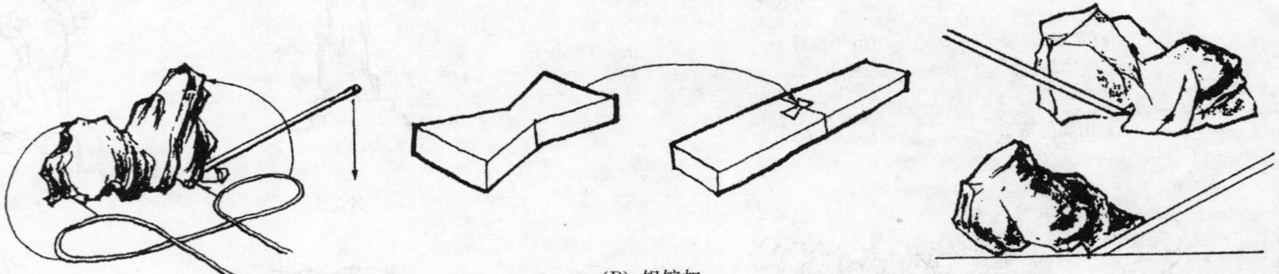

（B）银锭扣

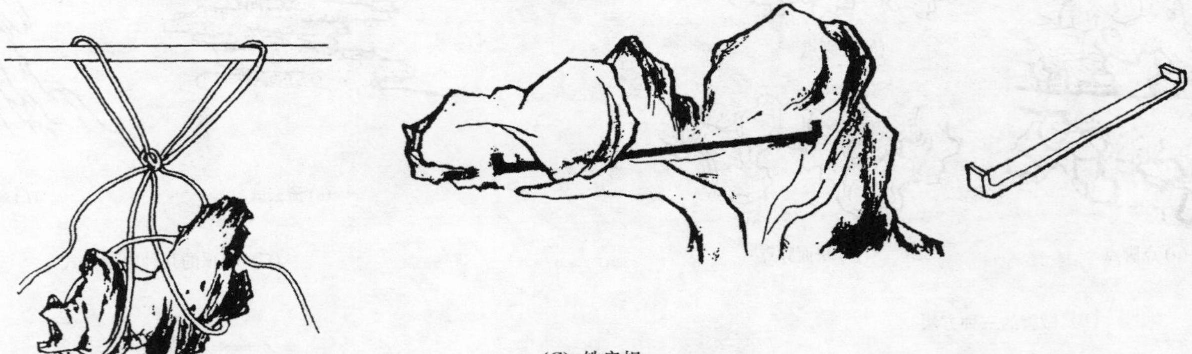

（C）铁扁担

| 图名 | 园林假山景观工程施工设施与运用（一） | 图号 | YL4-5-1（一） |

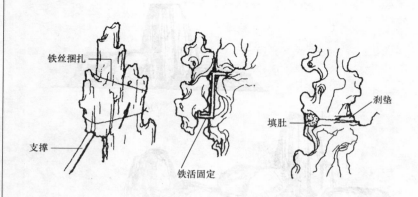

铁丝捆扎

支撑

铁活固定

填肚

刹垫

（A）山石的衔接与固定方法

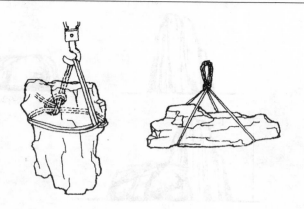

（B）山石的吊拴方法

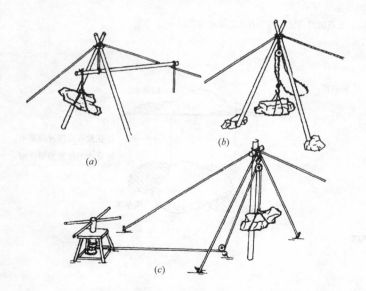

(a)

(b)

(c)

（C）山石的起重方法

（a）吊称起重；（b）手动葫芦起重；（c）绞磨起重

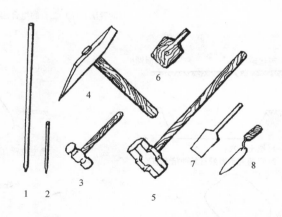

1   2   3   5   6   7   8
         4   5

（D）几种在假山施工中常用工具

1—大钢钎；2—錾子；3—榔头；4—琢镐

5—大铁锤；6—灰板；7—砖刀；8—柳叶抹

图名	园林假山景观工程施工设施与运用（二）	图号	YL4-5-1（二）

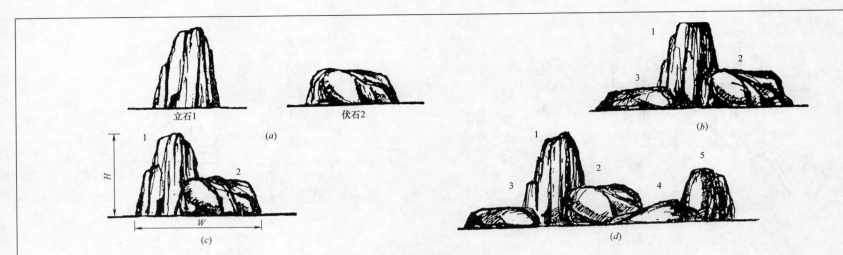

（A）园林假山景观立石组合法

（a）一石的置法；（b）二石的组合法；（c）三石的组合法；（d）五石的组合法；即三石的纵使配合二石

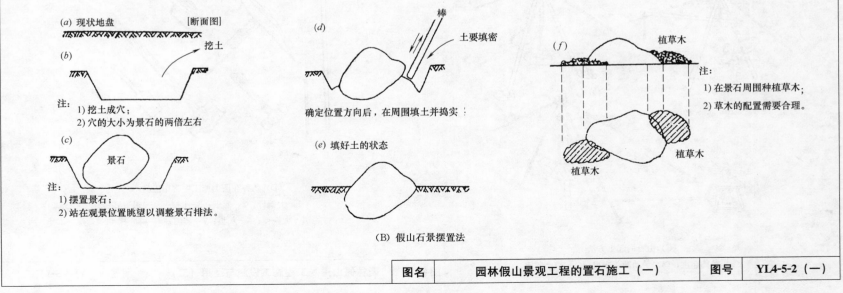

（B）假山石景摆置法

| 图名 | 园林假山景观工程的置石施工（一） | 图号 | YL4-5-2（一） |

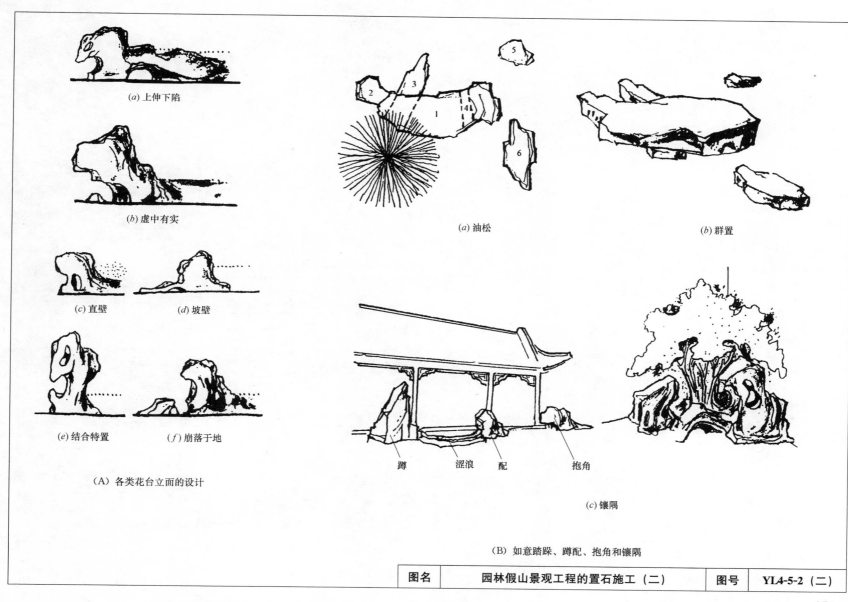

(a) 上伸下陷

(b) 虚中有实

(c) 直壁　　　　(d) 坡壁

(e) 结合特置　　　(f) 崩落于地

(A) 各类花台立面的设计

(a) 油松

(b) 群置

蹲　　涩浪　　配　　抱角

(c) 镶隅

(B) 如意踏跺、蹲配、抱角和镶隅

| 图名 | 园林假山景观工程的置石施工（二） | 图号 | YL4-5-2（二） |

5　城市广场与公园景观平面图实例

5.1 城市广场景观平面图实例

　　天安门广场位于北京市中心，原为明清王朝宫廷广场，新中国成立后扩建为面积约44万 m²，可容纳100万人集会的当今世界上最大的城市广场。人民大会堂、中国革命博物馆、中国历史博物馆、人民英雄纪念碑和毛主席纪念堂等具有民族风格的现代建筑环列广场。

　　天安门原为明清两朝皇城的正门，原名承天门，清顺治八年（1651年）改建后称天安门。城门五阙，重楼九楹，通高33.7m，城楼重檐飞翘，雕梁画栋，黄瓦红墙，异常壮丽。

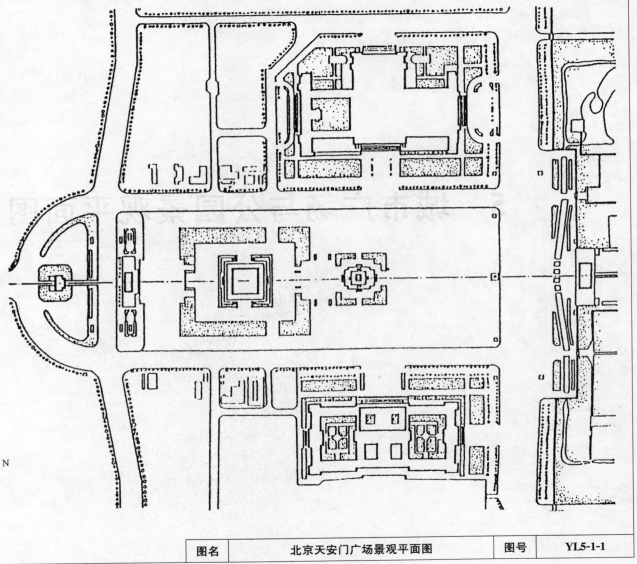

| 图名 | 北京天安门广场景观平面图 | 图号 | YL5-1-1 |

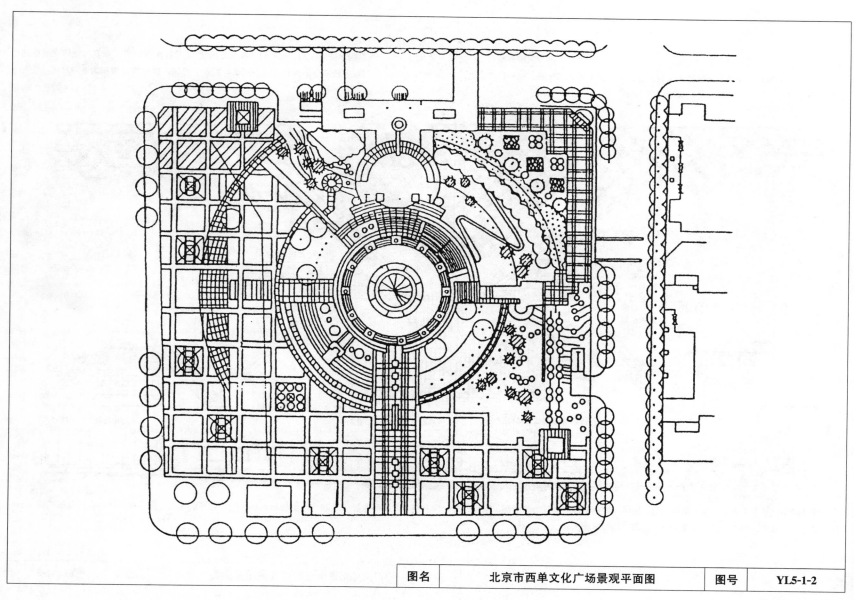

图名	北京市西单文化广场景观平面图	图号	YL5-1-2

东环广场位于东二环路东直门交通枢纽中心地带，东直门立交桥与东四十条立交桥之间。紧邻地铁 2 号线东四十条地铁站、东直门地铁站和地铁 13 号线东直门站。东直门立体交通枢纽也已投入使用，通往机场的快速轻轨更是为商务人士提供了很大的便利。东环广场总建筑面积 189000m²，其中写字楼部分的面积为 42000m²，商业、餐饮、娱乐部分面积为 54000m²，公寓部分面积为 63000m²，地下车库及设备用房 30000m²。

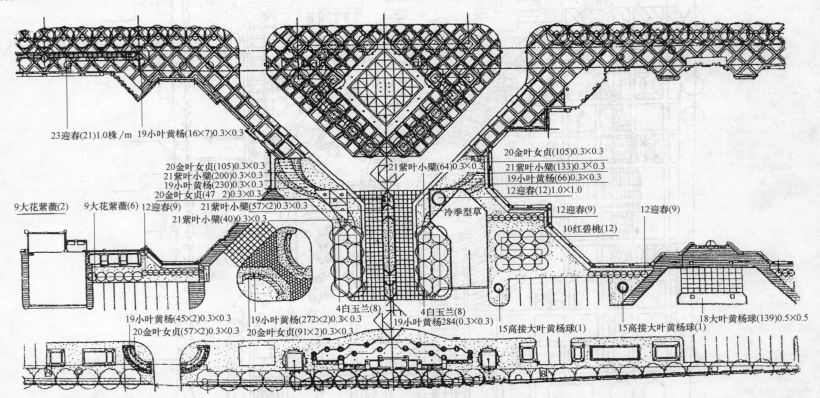

23迎春(21)1.0株/m   19小叶黄杨(16×7)0.3×0.3

20金叶女贞(105)0.3×0.3
21紫叶小檗(200)0.3×0.3
19小叶黄杨(230)0.3×0.3
20金叶女贞(47 2)0.3×0.3

20金叶女贞(105)0.3×0.3
21紫叶小檗(64)0.3×0.3
21紫叶小檗(133)0.3×0.3
19小叶黄杨(66)0.3×0.3
12迎春(12)1.0×1.0

9大花紫薇(2)   9大花紫薇(6)   12迎春(9)   21紫叶小檗(57×2)0.3×0.3
21紫叶小檗(40)0.3×0.3

冷季型草   12迎春(9)   12迎春(9)   12迎春(9)
10红碧桃(12)

19小叶黄杨(45×2)0.3×0.3   19小叶黄杨(272×2)0.3×0.3   4白玉兰(8)   4白玉兰(8)
20金叶女贞(57×2)0.3×0.3   20金叶女贞(91×2)0.3×0.3   19小叶黄杨284(0.3×0.3)
15高接大叶黄杨球(1)   15高接大叶黄杨球(1)   18大叶黄杨球(139)0.5×0.5

东环广场地处北京东部，主要由建国门、国贸大厦到燕莎、国际展览中心、国际公寓、写字楼、大型商业娱乐区域、停车场和东环、电影院等组成。三里屯使馆区、众多金融机构、各国公司驻京办事处环绕左右，与众多星级酒店和高档写字楼为邻。

图名	北京市东环广场景观平面图	图号	YL5-1-3

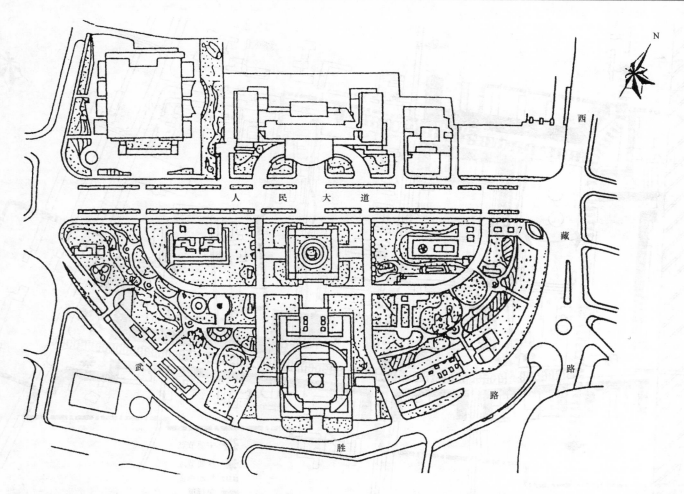

人民大道

西

藏

路

武

路

胜

N

上海市人民广场位于上海黄浦区，成形于上海开超高频、上海开埠以后，原来称上海跑马厅，是当时上层社会举行赛马等活动的场所。广义上的人民广场主要是由一个开放式的广场、人民公园以及周边一些文化、旅游、商业建筑等组成。人民广场是上海的经济政治文化中心、交通枢纽、旅游中心，也是上海最为重要的地标之一。位于上海市中心的人民广场总面积达14万 m^2，过去作为全市人民游行集会的场所，可容纳120多万人。被誉为"城市绿肺"的人民广场位于市中心，是一个融行政、文化、交通、商业为一体的园林式广场。

图名	上海市人民广场景观平面图	图号	YL5-1-4

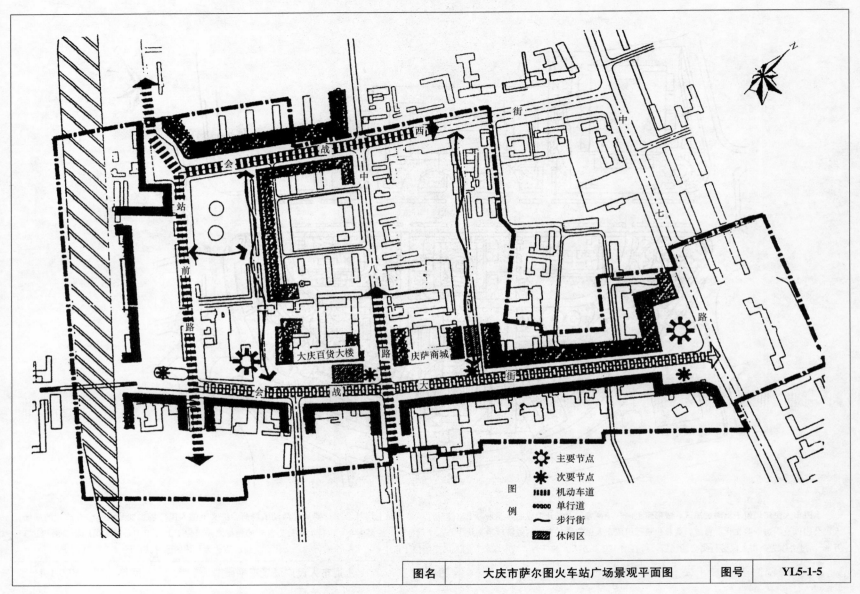

图例

✿ 主要节点
✳ 次要节点
▥▥ 机动车道
○○○ 单行道
— 步行街
▨▨ 休闲区

| 图名 | 大庆市萨尔图火车站广场景观平面图 | 图号 | YL5-1-5 |

南京鼓楼广场是南京市的主要城市广场之一，1959年开辟北京东西路同时修建，有中山路、中山北路、中央路（以上三条干道开辟于民国年间）、北京东路和北京西路五条干道在此交会，形成南京市的交通枢纽，曾经作为南京市大型集会和活动的场所，其名称来源于西侧的南京鼓楼。鼓楼广场始建于20世纪30年代，因明朝鼓楼建于这里而得名。现为中山北路、中山路、中央路、北京东路、北京西路五条主干道和鼓楼街、天津街两条支干道的交会处，是市内重要的交通枢纽，属大型的交通广场。在1929年5月中山大道（包括中山北路、中山路、中山东路）建成通车之前，鼓楼地区仅有江宁马路、天津路（原名筹市街）和京市铁路（宁省铁路）等少数几条道路通过这里。

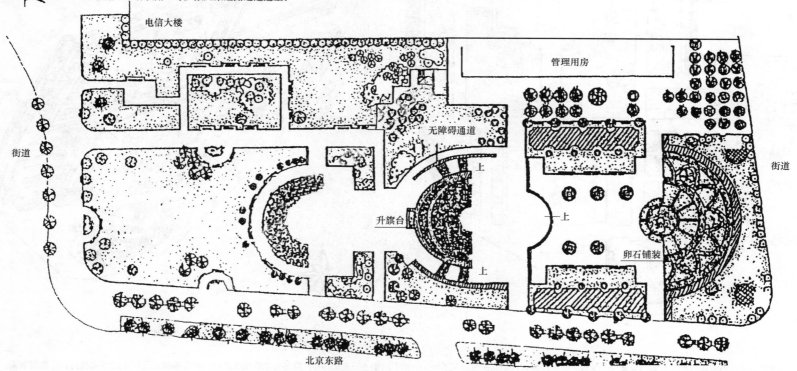

中山大道通车后，鼓楼成为中山北路、中山路、保泰街和天津路四条道路交会处。1931年前后，中央路建成通车后，在鼓楼东侧。中山北路、中山路、保泰街与中央路四路交会，为此，修建了长径42m、短径18m的椭圆形中央环岛，成为环形交叉口。今天的鼓楼广场，就是在原有基础上改造扩建而成的。

2011年南京市政府对鼓楼广场将进行浓墨重彩的改选，使广场集现代人文艺术与城市园林特色于一体。将使广场分草坪、建筑、山坡和树木4大块，中心岛增添金卤灯，晚间也可再现白天红花绿草的景致；广场东西两段布置新颖的"水晶灯"和"槐花灯"以"灯光小品"的形式给广场夜景增加光雕塑的立体感；北极阁山坡迎广场面的树木全部用灯光"绿化"，使山顶鸡鸣寺塔等建筑在黄色泛光灯映衬下分外夺目。

图名	南京市鼓楼广场景观平面图	图号	YL5-1-6

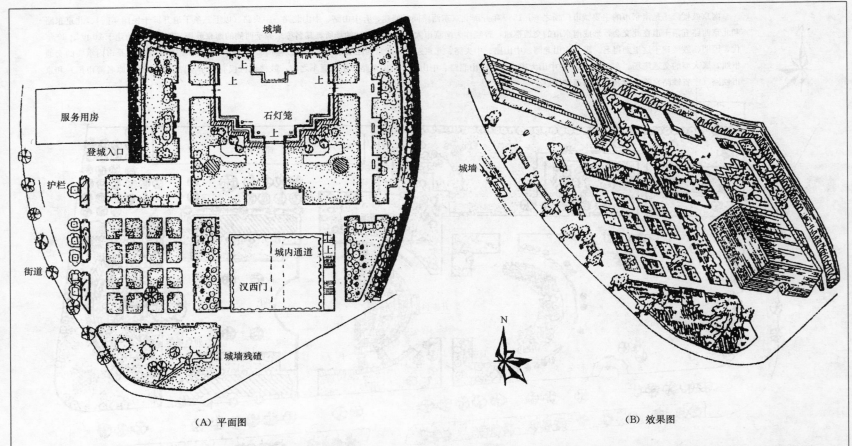

城墙

服务用房

登城入口

护栏

街道

上
上
上
石灯笼
上

城内通道

上

汉西门

城墙残碣

（A）平面图

城墙

N

（B）效果图

汉中门位于江苏省南京明代石城门瓮城处，地近楚金陵邑城，六朝石头城，五朝杨吴天祐十二年（公元915年）建为金陵府城大西门，南唐建郡后为江宁府城大西门，并沿用至宋、元。公元1366年明太祖朱元璋扩建金陵城大西门。此门坐东朝西，东西深121.4m，南北宽122.6m，占地约1.5万㎡。由两道瓮城、三通城门组成。1931年在汉西门北侧正对汉中路另辟一门，称为汉中门。

1996年南京市人民政府为保护历史文化名城和文物古迹，修葺城垣，精心绿化，建成了为市民提供休闲场所的汉中门广场。

| 图名 | 南京市汉中门广场景观平面图 | 图号 | YL5-1-7 |

西安钟鼓楼广场建成于 1998 年，她是西安的一件低领文化衫，时尚而开放，让西安重现在世人的目光中。现在，最能让西安体面风光拿得出手的地面建筑就是钟楼、鼓楼和古城墙。位于西安市中心钟、鼓楼之间，东西长 300m，南北宽 100m，占地 2.18 公顷，总建筑面积 5.7 万 m²。其中，北配楼建筑面积 26000m²，商场建筑面积（上、下两层）31000m²，绿地 6000m²，是目前全国中心城市中最大的一个绿化广场，钟楼与鼓楼东西对峙。

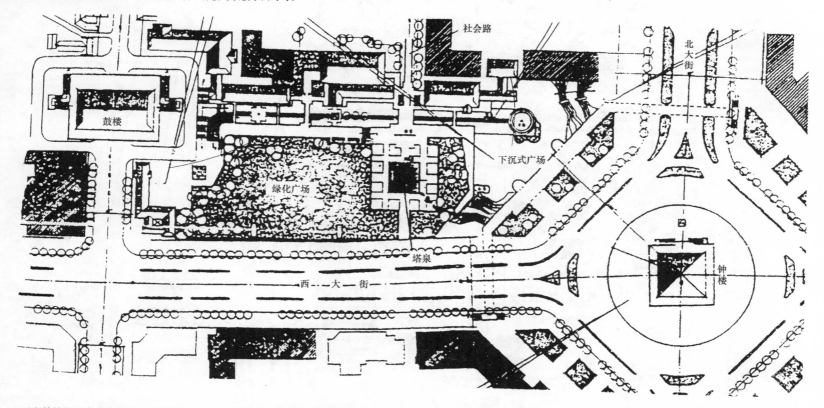

西安鼓楼是所存在中国最大的鼓楼，位于西安城内西大街北院门的南端，东与钟楼相望。鼓楼始建于明太祖洪武十三年，清康熙三十八年和清乾隆五年先后两次重修。楼上原有巨鼓一面，每日击鼓报时，故称"鼓楼"。原址在今西大街广济街口，明朝（1582 年）重修，迁建于现址。楼上原悬大钟一口，作为击钟报时用。

鼓楼的构造技术，在应用了唐朝风格、宋代建筑法则的基础上又有不少创新。全楼结构无一铁钉，楼檐和平座都使用了斗拱构造原理，外观楼体雄健宏大、古雅优美，极赋浓郁的民族特色。鼓楼建筑结构为上下两层，重檐三层。正面（向南）为七间。进深三间，四周回廊深度各为一间，按楹柱距离计算，正面则为九间，侧面为七间，即古代建筑中俗称的"七间九"。

图名	西安市钟鼓楼广场景观平面图	图号	YL5-1-8

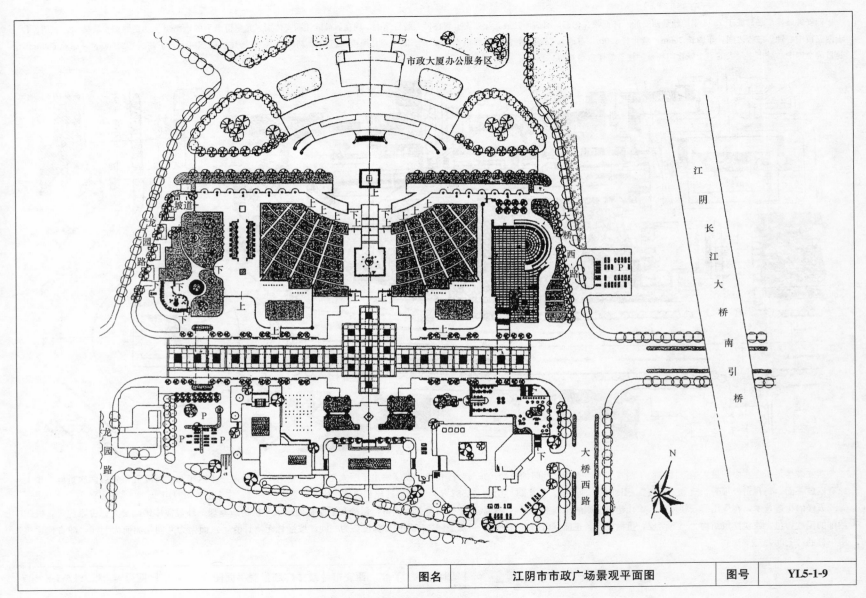

市政大厦办公服务区

龙园路

坡道

龙园路

大桥西路

大桥西路

江阴长江大桥南引桥

N

| 图名 | 江阴市市政广场景观平面图 | 图号 | YL5-1-9 |

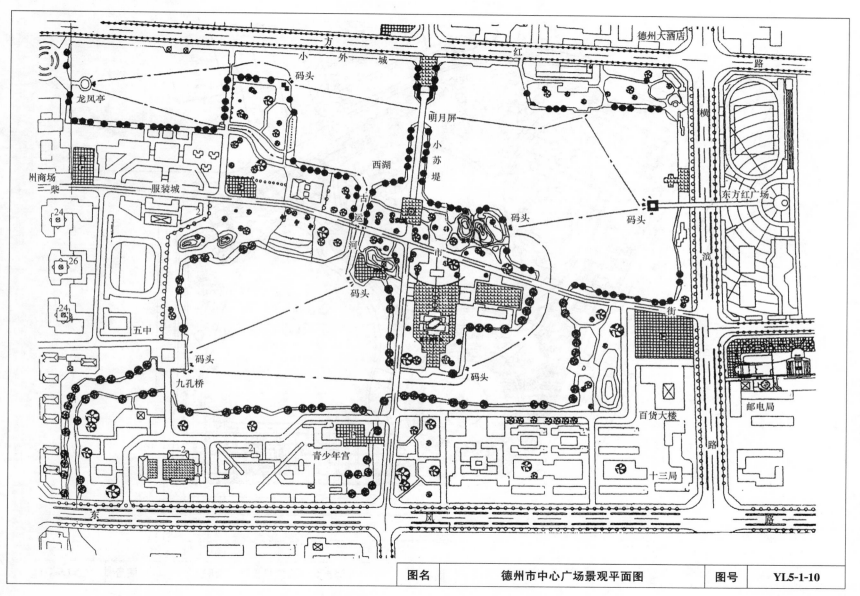

| 图名 | 德州市中心广场景观平面图 | 图号 | YL5-1-10 |

185

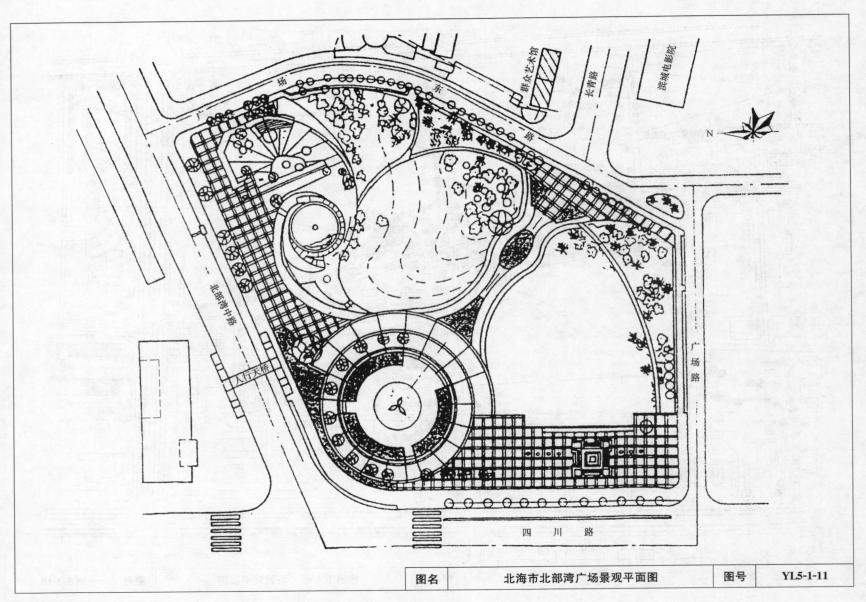

| 图名 | 北海市北部湾广场景观平面图 | 图号 | YL5-1-11 |

群众艺术馆

滨城电影院

长青路

广 场 东 路

广 场

北部湾中路

人行天桥

广 场 路

四 川 路

N

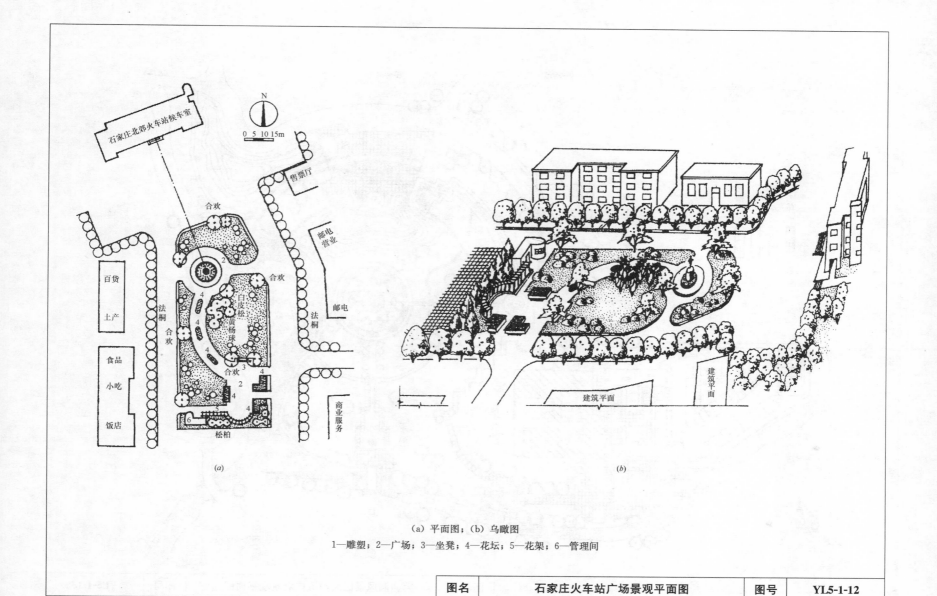

石家庄北郊火车站候车室

合欢

合欢

白皮松

黄杨球

法桐
合欢

合欢

法桐

百货
土产
食品
小吃
饭店

售票厅

邮电
营业

邮电

商业
服务

松柏

(a)

建筑平面

建筑平面

建筑平面

(b)

（a）平面图；（b）鸟瞰图

1—雕塑；2—广场；3—坐凳；4—花坛；5—花架；6—管理间

| 图名 | 石家庄火车站广场景观平面图 | 图号 | YL5-1-12 |

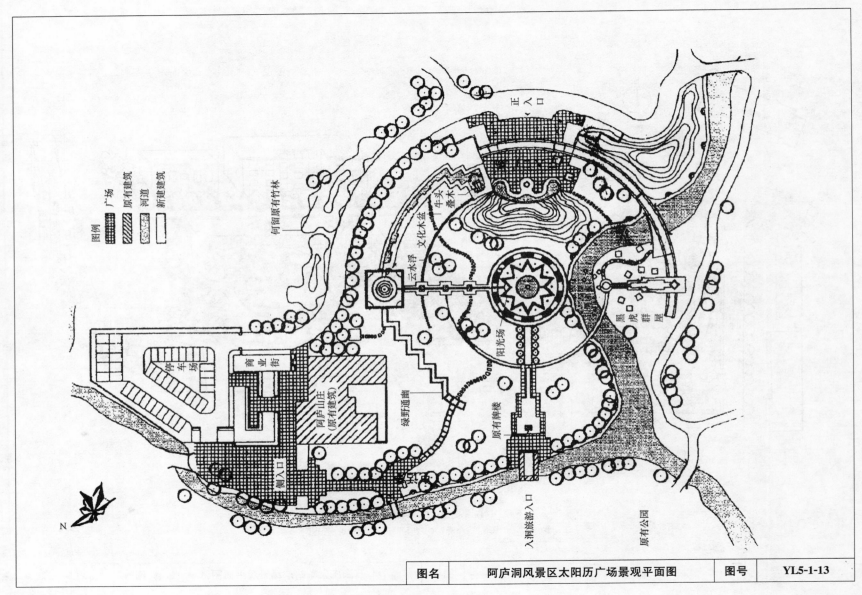

图例
广场
原有建筑
河道
新建建筑

何留原有竹林

正入口

文化木盆

牛头

叠木

云水洋

黑虎群屋

阳光场

停车场

商业街

阿庐山庄（原有建筑）

绿野通幽

侧入口

原有牌楼

入洞旅游入口

原有公园

N

| 图名 | 阿庐洞风景区太阳历广场景观平面图 | 图号 | YL5-1-13 |

5.2 城市公园景观平面图实例

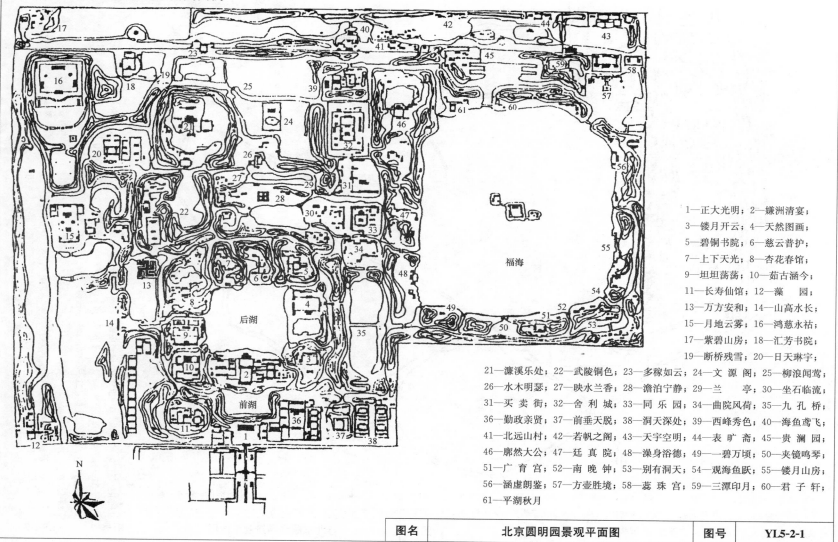

1—正大光明；2—嫌洲清宴；
3—镂月开云；4—天然图画；
5—碧铜书院；6—慈云普护；
7—上下天光；8—杏花春馆；
9—坦坦荡荡；10—茹古涵今；
11—长寿仙馆；12—藻　园；
13—万方安和；14—山高水长；
15—月地云雾；16—鸿慈永祜；
17—紫碧山房；18—汇芳书院；
19—断桥残雪；20—日天琳宇；

21—濂溪乐处；22—武陵铜色；23—多稼如云；24—文源阁；25—柳浪闻莺；
26—水木明瑟；27—映水兰香；28—澹泊宁静；29—兰　　亭；30—坐石临流；
31—买卖街；32—舍利城；33—同乐园；34—曲院风荷；35—九孔桥；
36—勤政亲贤；37—前垂天脱；38—洞天深处；39—西峰秀色；40—海鱼鸢飞；
41—北远山村；42—若帆之阁；43—天宇空明；44—表旷斋；45—贵澜园；
46—廓然大公；47—廷真院；48—澡身浴德；49—一碧万顷；50—夹镜鸣琴；
51—广育宫；52—南晚钟；53—别有洞天；54—观海鱼跃；55—镂月山房；
56—涵虚朗鉴；57—方壶胜境；58—蕊珠宫；59—三潭印月；60—君子轩；
61—平湖秋月

图名	北京圆明园景观平面图	图号	YL5-2-1

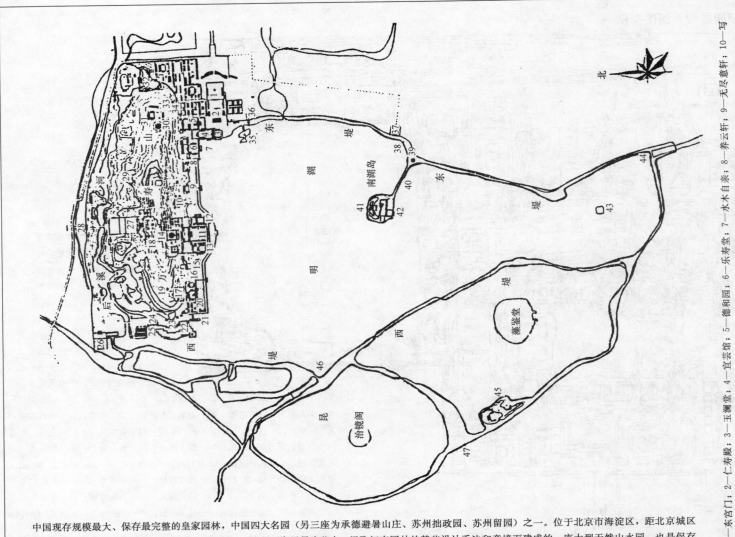

北

1—东宫门；2—仁寿殿；3—玉澜堂；4—宜芸馆；5—德和园；6—乐寿堂；7—水木自亲；8—养云轩；9—无尽意轩；10—写秋轩；11—排云轩；12—介寿堂；13—清华轩；14—佛香阁；15—云松巢；16—山色湖光共一楼；17—听鹂馆；18—画中游；19—湖山真意；20—石丈亭；21—石舫；22—小西泠；23—延清赏；24—贝阙；25—大船坞；26—西北门；27—须弥灵境；28—北宫门；29—花承阁；30—景福阁；31—益寿堂；32—谐趣园；33—赤城霞；34—东八所；35—知春亭；36—文昌阁；37—新宫门；38—铜牛；39—廓如亭；40—十七孔桥；41—涵虚堂；42—鉴远堂；43—凤凰墩；44—秀漪桥；45—畅观堂；46—玉带桥；47—西宫门；

| 图名 | 北京颐和园景观平面图 | 图号 | YL5-2-2 |

中国现存规模最大、保存最完整的皇家园林，中国四大名园（另三座为承德避暑山庄、苏州拙政园、苏州留园）之一。位于北京市海淀区，距北京城区15km，占地约290ha。利用昆明湖、万寿山为基址，以杭州西湖风景为蓝本，汲取江南园林的某些设计手法和意境而建成的一座大型天然山水园，也是保存得最完整的一座皇家行宫御苑，被誉为皇家园林博物馆。

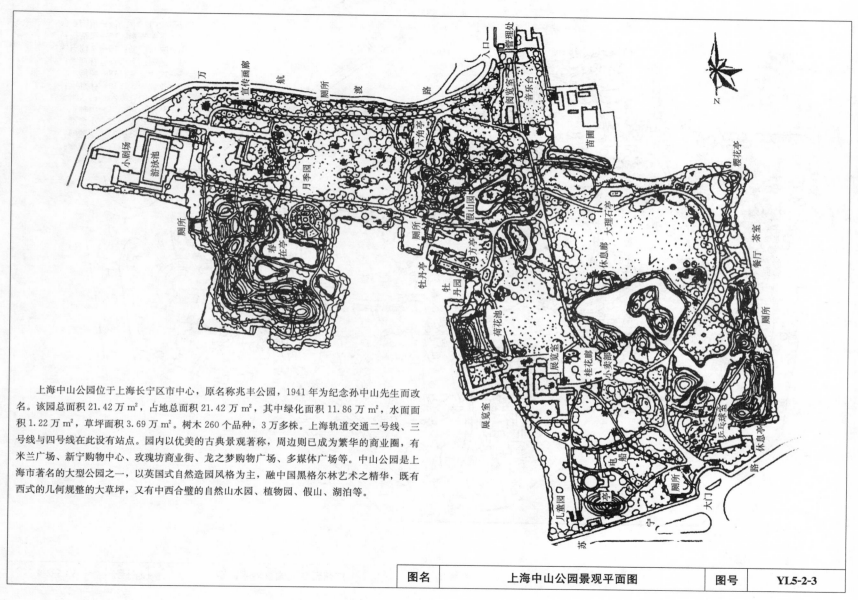

上海中山公园位于上海长宁区市中心，原名称兆丰公园，1941年为纪念孙中山先生而改名。该园总面积21.42万 m²，占地总面积21.42万 m²，其中绿化面积11.86万 m²，水面面积1.22万 m²，草坪面积3.69万 m²。树木260个品种，3万多株。上海轨道交通二号线、三号线与四号线在此设有站点。园内以优美的古典景观著称，周边则已成为繁华的商业圈，有米兰广场、新宁购物中心、玫瑰坊商业街、龙之梦购物广场、多媒体广场等。中山公园是上海市著名的大型公园之一，以英国式自然造园风格为主，融中国黑格尔林艺术之精华，既有西式的几何规整的大草坪，又有中西合璧的自然山水园、植物园、假山、湖泊等。

图名	上海中山公园景观平面图	图号	YL5-2-3

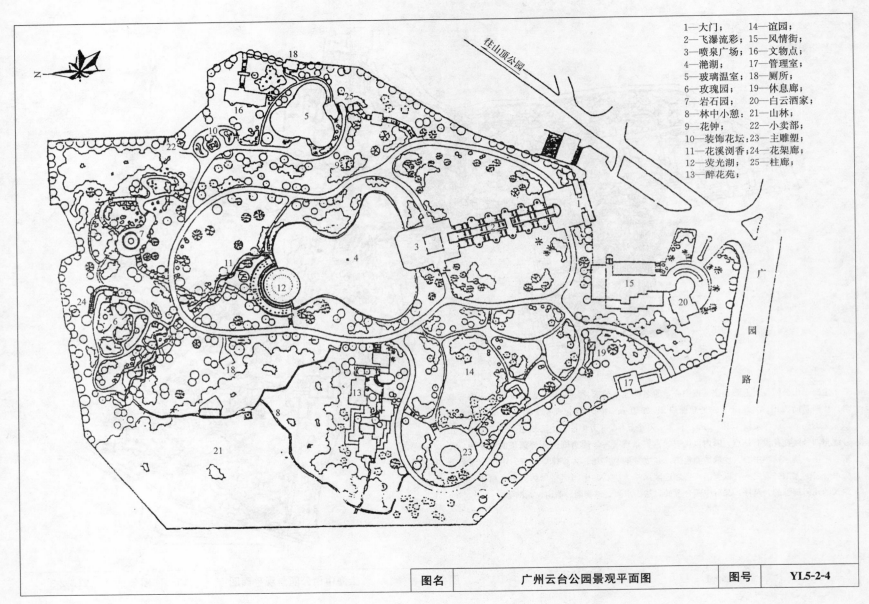

1—大门；　　14—谊园；
2—飞瀑流彩；　15—风情街；
3—喷泉广场；　16—文物点；
4—滟湖；　　　17—管理室；
5—玻璃温室；　18—厕所；
6—玫瑰园；　　19—休息廊；
7—岩石园；　　20—白云酒家；
8—林中小憩；　21—山林；
9—花钟；　　　22—小卖部；
10—装饰花坛；23—主雕塑；
11—花溪浏香；24—花架廊；
12—荧光湖；　25—柱廊；
13—醉花苑；

往山顶公园

广园路

| 图名 | 广州云台公园景观平面图 | 图号 | YL5-2-4 |

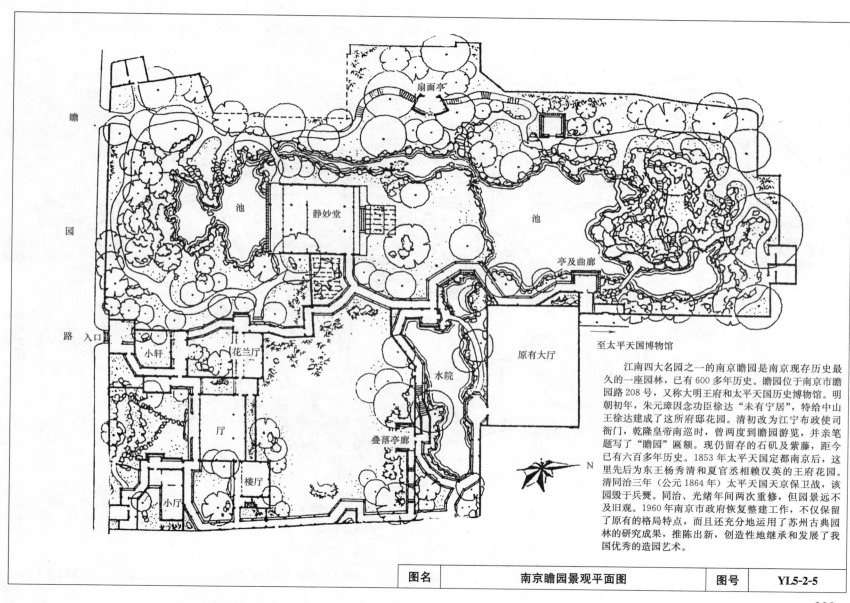

扇面亭

池

静妙堂

池

亭及曲廊

瞻
园
路   入口

小轩

花兰厅

原有大厅

水院

至太平天国博物馆

厅

楼厅

小厅

叠落亭廊

N

江南四大名园之一的南京瞻园是南京现存历史最久的一座园林，已有 600 多年历史。瞻园位于南京市瞻园路 208 号，又称大明王府和太平天国历史博物馆。明朝初年，朱元璋因念功臣徐达"未有宁居"，特给中山王徐达建成了这所府邸花园。清初改为江宁布政使司衙门，乾隆皇帝南巡时，曾两度到瞻园游览，并亲笔题写了"瞻园"匾额。现仍留存的石矶及紫藤，距今已有六百多年历史。1853 年太平天国定都南京后，这里先后为东王杨秀清和夏官丞相赖汉英的王府花园。清同治三年（公元 1864 年）太平天国天京保卫战，该园毁于兵燹。同治、光绪年间两次重修，但园景远不及旧观。1960 年南京市政府恢复整建工作，不仅保留了原有的格局特点，而且还充分地运用了苏州古典园林的研究成果，推陈出新，创造性地继承和发展了我国优秀的造园艺术。

| 图名 | 南京瞻园景观平面图 | 图号 | YL5-2-5 |

南京市的白鹭洲公园们于南京城乐南隅，是南京城南地区最大的公园。该园在明朝永乐年间是开国元勋中山王徐达家族的别墅，故称为徐太傅园或徐中山园。

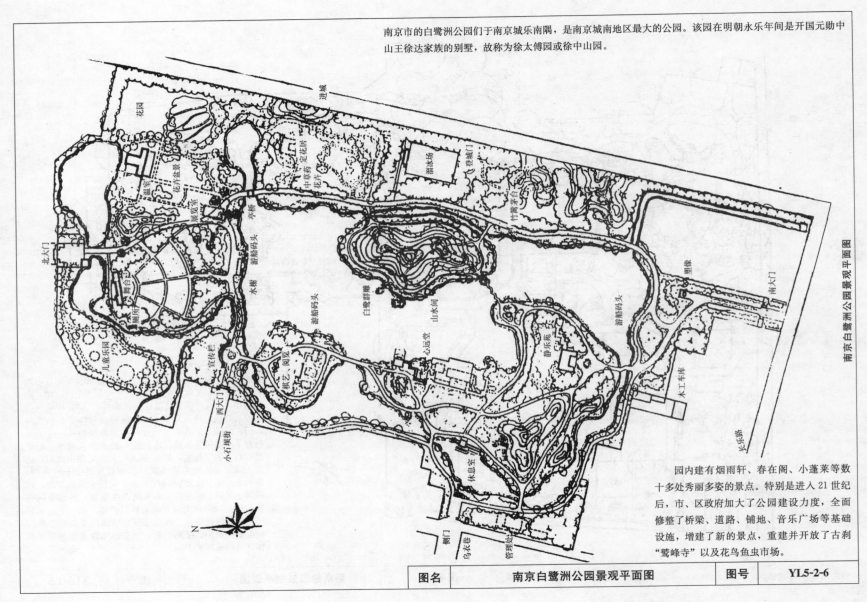

园内建有烟雨轩、春在阁、小蓬莱等数十多处秀丽多姿的景点。特别是进入 21 世纪后，市、区政府加大了公园建设力度，全面修整了桥梁、道路、铺地、音乐广场等基础设施，增建了新的景点，重建并开放了古刹"鹫峰寺"以及花鸟鱼虫市场。

图名	南京白鹭洲公园景观平面图	图号	YL5-2-6

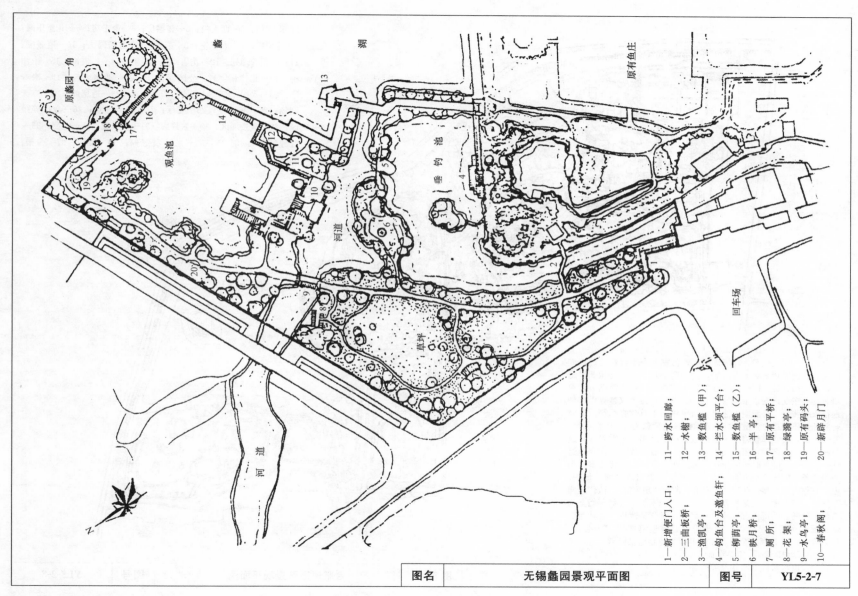

蠡　　湖

原蠡园一角

原蠡园一角

原有鱼庄

观鱼池

垂　钓　池

河道

草坪

回车场

河　道

1—新增便门入口；　　11—跨水回廊；
2—三曲板桥；　　　　12—水榭；
3—渔矶亭；　　　　　13—数鱼槛（甲）；
4—钓鱼台及邀鱼轩；　14—拦水坝平台；
5—柳荫亭；　　　　　15—数鱼槛（乙）；
6—映月桥；　　　　　16—半亭；
7—厕　所；　　　　　17—原有平桥；
8—花　架；　　　　　18—绿漪亭；
9—水鸟亭；　　　　　19—原有码头；
10—春秋阁；　　　　　20—新辟月门；

| 图名 | 无锡蠡园景观平面图 | 图号 | YL5-2-7 |

195

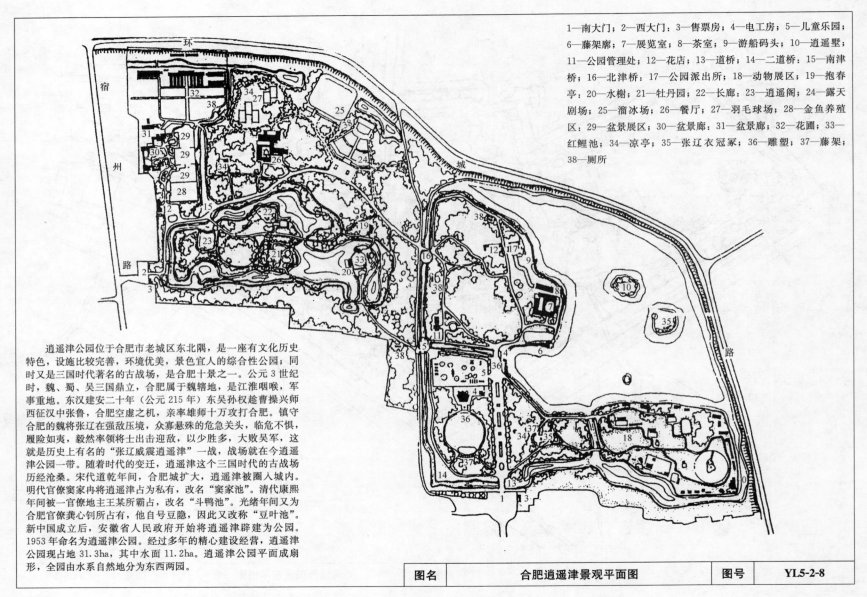

1—南大门；2—西大门；3—售票房；4—电工房；5—儿童乐园；6—藤架廊；7—展览室；8—茶室；9—游船码头；10—逍遥墅；11—公园管理处；12—花店；13—道桥；14—二道桥；15—南津桥；16—北津桥；17—公园派出所；18—动物展区；19—抱春亭；20—水榭；21—牡丹园；22—长廊；23—逍遥阁；24—露天剧场；25—溜冰场；26—餐厅；27—羽毛球场；28—金鱼养殖区；29—盆景展区；30—盆景廊；31—盆景廊；32—花圃；33—红鲤池；34—凉亭；35—张辽衣冠冢；36—雕塑；37—藤架；38—厕所

逍遥津公园位于合肥市老城区东北隅，是一座有文化历史特色，设施比较完善，环境优美，景色宜人的综合性公园；同时又是三国时代著名的古战场，是合肥十景之一。公元3世纪时，魏、蜀、吴三国鼎立，合肥属于魏辖地，是江淮咽喉，军事重地。东汉建安二十年（公元215年）东吴孙权趁曹操兴师西征汉中张鲁，合肥空虚之机，亲率雄师十万攻打合肥。镇守合肥的魏将张辽在强敌压境，众寡悬殊的危急关头，临危不惧，履险如夷，毅然率领将士出击迎敌，以少胜多，大败吴军，这就是历史上有名的"张辽威震逍遥津"一战，战场就在今逍遥津公园一带。随着时代的变迁，逍遥津这个三国时代的古战场历经沧桑。宋代道乾年间，合肥城扩大，逍遥津被圈入城内。明代官僚窦家冉将逍遥津占为私有，改名"窦家池"。清代康熙年间被一官僚地主王某所霸占，改名"斗鸭池"。光绪年间又为合肥官僚龚心钊所占有，他自号豆隐，因此又改称"豆叶池"。新中国成立后，安徽省人民政府开始将逍遥津辟建为公园。1953年命名为逍遥津公园。经过多年的精心建设经营，逍遥津公园现占地31.3ha，其中水面11.2ha。逍遥津公园平面成扇形，全园由水系自然地分为东西两园。

图名	合肥逍遥津景观平面图	图号	YL5-2-8

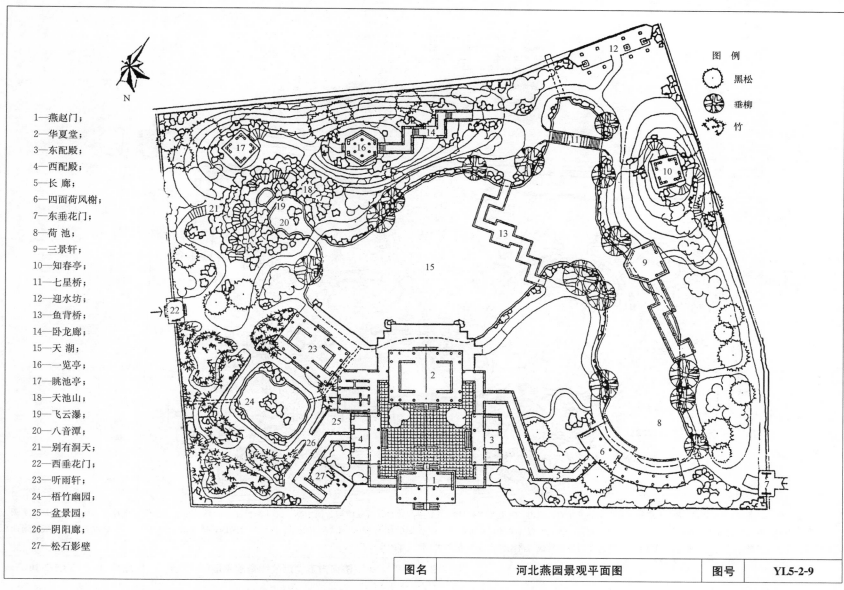

1—燕赵门；
2—华夏堂；
3—东配殿；
4—西配殿；
5—长 廊；
6—四面荷风榭；
7—东垂花门；
8—荷 池；
9—三景轩；
10—知春亭；
11—七星桥；
12—迎水坊；
13—鱼背桥；
14—卧龙廊；
15—天 湖；
16—一览亭；
17—眺池亭；
18—天池山；
19—飞云瀑；
20—八音潭；
21—别有洞天；
22—西垂花门；
23—听雨轩；
24—梧竹幽园；
25—盆景园；
26—阴阳廊；
27—松石影壁

图 例

黑松

垂柳

竹

| 图名 | 河北燕园景观平面图 | 图号 | YL5-2-9 |

197

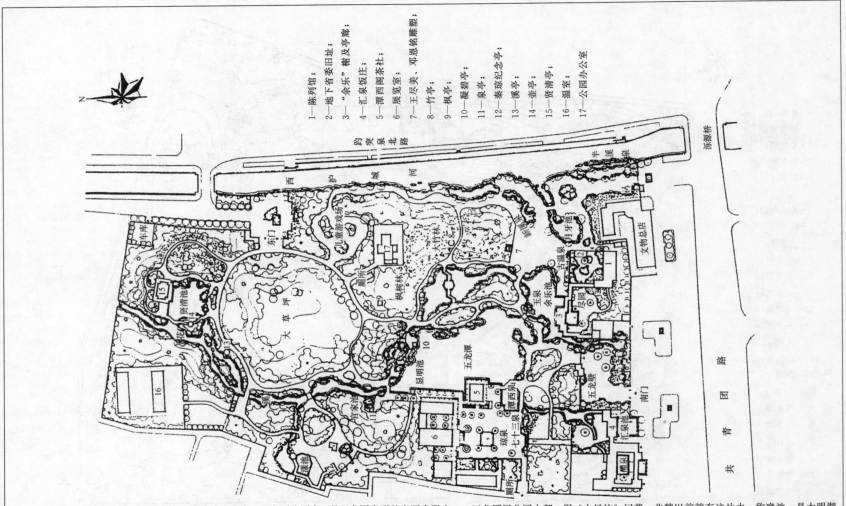

1—陈列馆；
2—地下省委旧址；
3—"余乐"饭庄；
4—汇泉饭庄；
5—潭西阁茶社；
6—展览室；
7—王尽美、邓恩铭铭雕塑；
8—竹亭；
9—枫亭；
10—凝碧亭；
11—泉亭；
12—秦琼纪念亭；
13—溪亭；
14—壶亭；
15—贤清室；
16—温室；
17—公园办公室

五龙潭也叫乌龙潭、龙居泉，位于山东省济南市中心五龙潭公园内，是五龙潭泉群的主要泉眼之一。五龙潭居公园中部。据《水经注》记载，北魏以前就有这片水，称净池，是大明湖的一隅。相传，五龙潭昔日潭深莫测，每遇大旱，祷雨则应，故元代有好事者在潭边建庙，内塑五方龙神，自此便改称五龙潭。五龙潭公园内，散布着形态各异的26处古名泉，构成济南四大泉群的五龙潭泉群。环绕诸多泉池，形成了庞大的五龙潭泉系并成为济南四大著名泉群中水质最好的泉群。

图名	济南市五龙潭公园景观平面图	图号	YL5-2-10

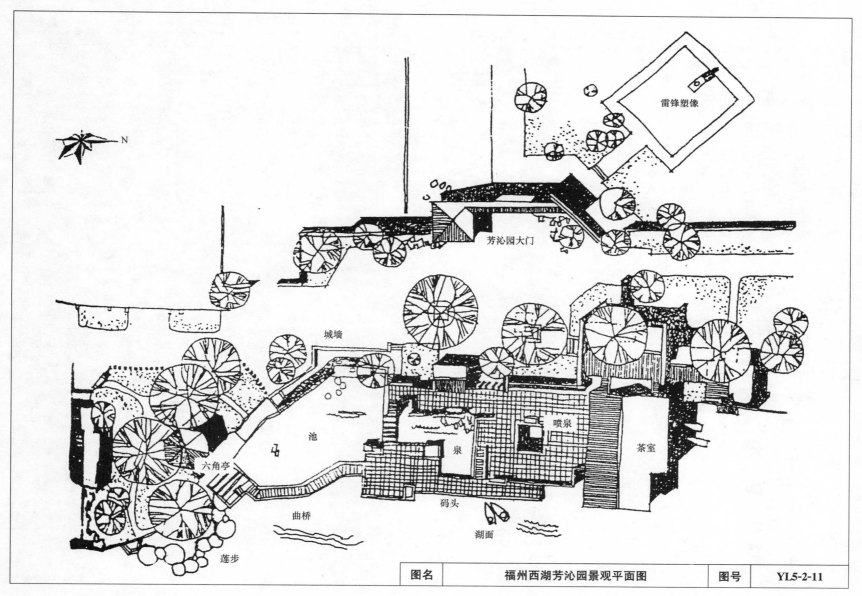

N

雷锋塑像

芳沁园大门

城墙

池

泉

喷泉

茶室

六角亭

曲桥

码头

湖面

莲步

| 图名 | 福州西湖芳沁园景观平面图 | 图号 | YL5-2-11 |

6 城市专用工程景观平面图实例

6.1 体育工程景观平面图例

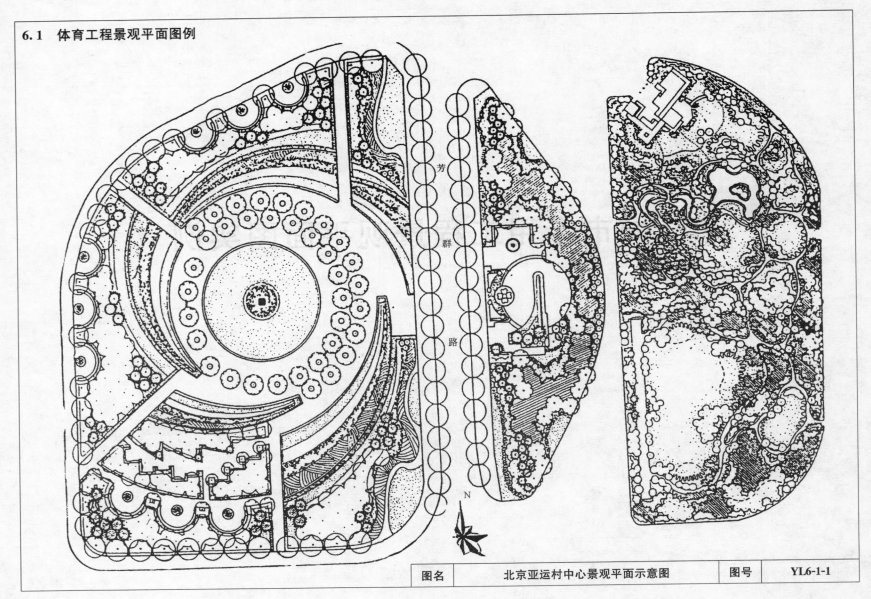

芳

群

路

N

| 图名 | 北京亚运村中心景观平面示意图 | 图号 | YL6-1-1 |

奥林匹克体育中心位于北京市北四环路以南，北辰路以东。该中心的建设是为了迎接第十一届亚运会的召开，于1990年建成的一座综合性体育场馆，占地面积为66万 m²，其中有综合体育馆、游泳馆、田径场、曲棍球场、垒球场和珠类练习场，还有医疗检测中心、体育博物馆和武术研究院。体育中心的东、西、北设三个出入口，三个出入口与场馆之间的联系以圆弧形道路相通，田径场北侧有3万 m² 的月牙形湖面。

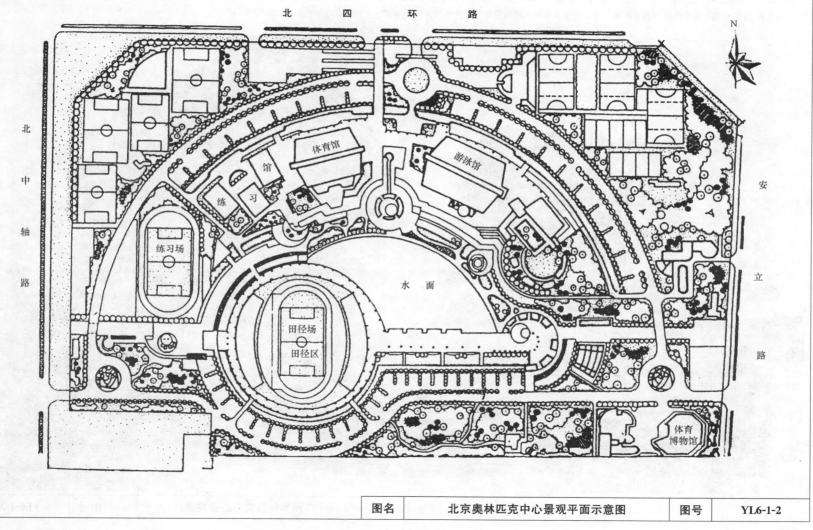

| 图名 | 北京奥林匹克中心景观平面示意图 | 图号 | YL6-1-2 |

广州奥林匹克体育中心位于广州市天河区东圃镇黄村，北邻世界大观、航天奇观、高尔夫球场、科学中心等旅游景区，西南为华南理工大学、暨南大学、华南师范大学等大学区。它是广东省政府为承办第九届全国运动会而投资 16.7 亿元巨资兴建的现代化体育场馆，用地面积 101 万 m^2，总建筑面积 32.8 万 m^2，主馆可容纳观众 8 万人。它已成为广州引以为自豪的新城市标志。该奥林匹克体育中心首次打破了国内体育场传统圆形的设计观念，采用了飘带造型的独特设计，新颖而浪漫。体育场盖顶分东、西两片钢屋架，重达 11000t，弯曲地坐落在 21 组塔柱上，象征着 21 世纪第一次全国体育盛会在此召开。屋顶自由飘逸的缎带造型又像中国巨龙翱翔半空，寓意着广东在新世纪的腾飞。

图名	广州奥林匹克中心景观照片	图号	YL6-1-3

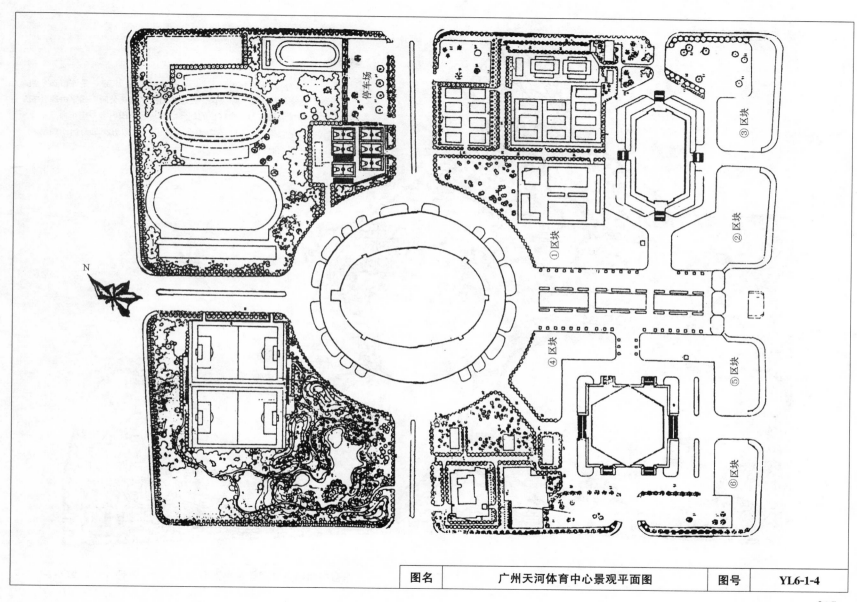

停车场

N

①区块
②区块
③区块
④区块
⑤区块
⑥区块

| 图名 | 广州天河体育中心景观平面图 | 图号 | YL6-1-4 |

6.2 纪念工程景观平面图例

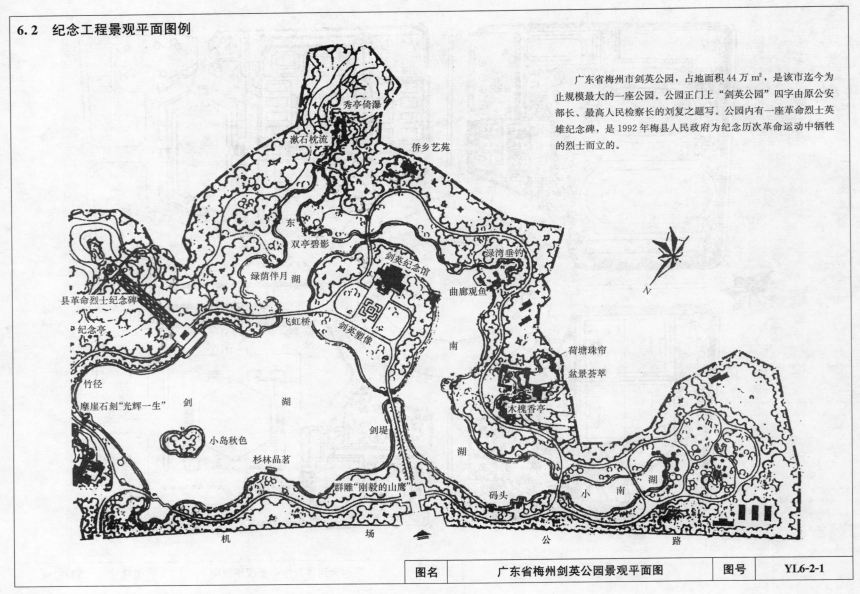

广东省梅州市剑英公园，占地面积 44 万 m²，是该市迄今为止规模最大的一座公园。公园正门上"剑英公园"四字由原公安部长、最高人民检察长的刘复之题写。公园内有一座革命烈士英雄纪念碑，是 1992 年梅县人民政府为纪念历次革命运动中牺牲的烈士而立的。

秀亭倚瀑

漱石枕流

侨乡艺苑

东

双亭碧影

剑英纪念馆

渌湾垂钓

绿荫伴月 湖

曲廊观鱼

县革命烈士纪念碑

纪念亭

飞虹桥

剑英塑像

南

荷塘珠帘

盆景荟萃

竹径

木槐香亭

摩崖石刻"光辉一生"

剑

湖

小岛秋色

剑堤

湖

杉林品茗

群雕"刚毅的山鹰"

码头

小 南 湖

机 场

公 路

N

| 图名 | 广东省梅州剑英公园景观平面图 | 图号 | YL6-2-1 |

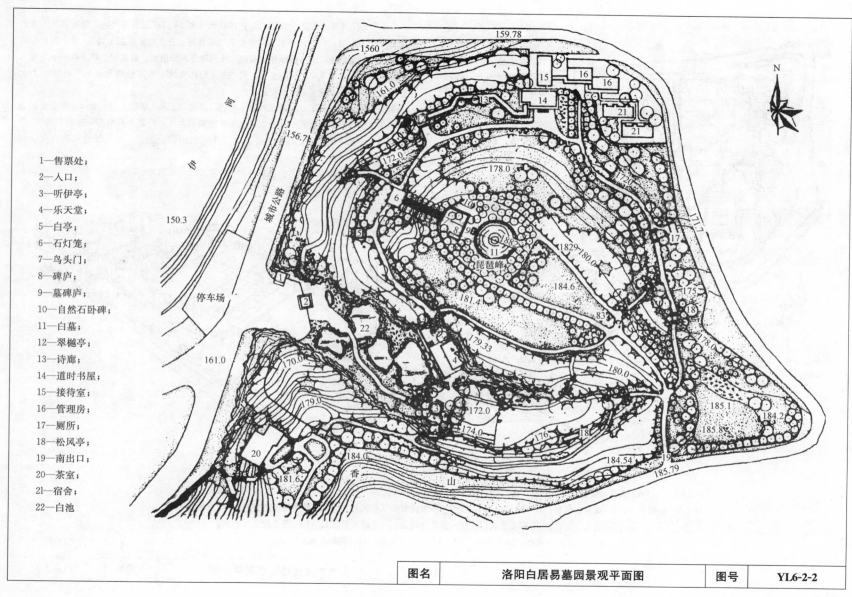

1—售票处；
2—入口；
3—听伊亭；
4—乐天堂；
5—白亭；
6—石灯笼；
7—鸟头门；
8—碑庐；
9—墓碑庐；
10—自然石卧碑；
11—白墓；
12—翠樾亭；
13—诗廊；
14—道时书屋；
15—接待室；
16—管理房；
17—厕所；
18—松风亭；
19—南出口；
20—茶室；
21—宿舍；
22—白池

| 图名 | 洛阳白居易墓园景观平面图 | 图号 | YL6-2-2 |

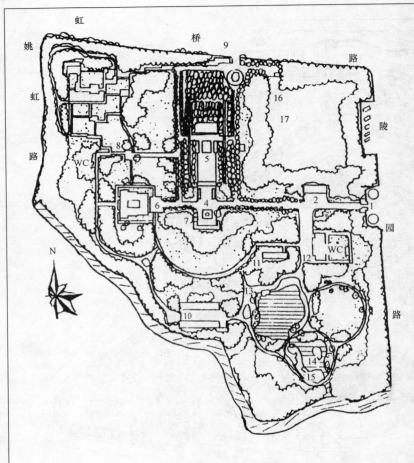

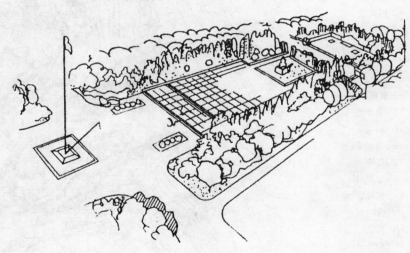

中华人民共和国名誉主席宋庆龄于1981年5月29日在北京逝世，其骨灰葬在上海她的父母墓地的东侧，1984年命名为"中华人民共和国名誉主席宋庆龄陵园"。整个园区有甬道纪念碑，纪念广场，宋庆龄雕像，墓地，陈列室等部分组成。甬道纪念碑上有邓小平题写的"爱国主义，民主主义，国际主义，共产主义的伟大战士宋庆龄同志永垂不朽"30个大字。这里已被列为全国重点文物保护单位。

宋庆龄陵园还保留了万国公墓外籍人墓园，并建立了名人墓园。名人墓园安葬有爱国老人马相伯、抗日英雄谢晋元、三毛之父张乐平等知名人士；外籍人墓园葬有来自世界25个国家的600多名外籍人士，其中有鲁迅的日本朋友山完造夫妇、宋庆龄的美籍女友耿丽淑等。

上海宋庆龄陵园是全国重点文物保护单位和爱国主义教育示范基地。

(A) 宋庆龄陵园平面图

(B) 宋庆龄陵园鸟瞰图

1—陵园入口；2—贵宾休息室；3—小花架；4—国旗；5—宋庆龄像（墓区）；6—宋庆龄事迹陈列室；7—纪念恭花架；
8—国内名人墓区；9—万国公墓入口；10—少儿活动区；11—陵园管理处；12—茶室纪念品出售；
13—水榭；14—鸽岛；15—园亭；16—方亭；17—国际友人墓区

图名	上海宋庆龄陵园景观平面图	图号	YL6-2-3

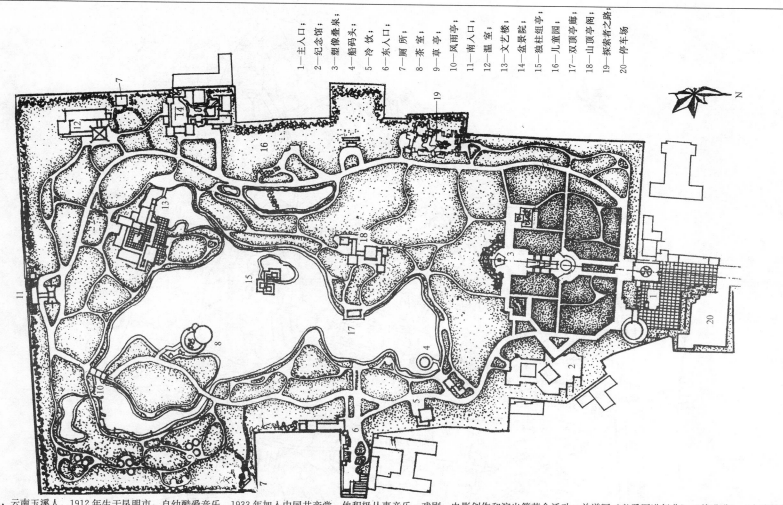

1—主入口；
2—纪念碑；
3—塑像叠泉；
4—船码头；
5—冷饮；
6—东入口；
7—厕所；
8—茶室；
9—草亭；
10—风雨亭；
11—南入口；
12—温室；
13—文艺楼；
14—盆景院；
15—独柱组亭；
16—儿童园；
17—双顶亭廊；
18—山顶亭阁；
19—探索者之路；
20—停车场

聂耳，云南玉溪人。1912 年生于昆明市，自幼酷爱音乐。1933 年加入中国共产党。他积极从事音乐、戏剧、电影创作和演出等革命活动。并谱写《义勇军进行曲》、《前进歌》、《大路歌》等多首有巨大影响的革命歌曲。这些充满着斗争精神的歌曲，曾鼓舞着千千万万不愿做奴隶的中华儿女，团结起来，向日本帝国主义和国民党反动派进行不屈不挠的殊死搏斗。

聂耳墓原在昆明西山碧鸡山麓，并有徐嘉瑞撰书的"划时代的音乐家聂耳之墓"碑刻，立于墓前。1954 年重修墓地时，由郭沫若手书"人民音乐家聂耳之墓"纪念碑。

图名	聂耳园环境景观平面图	图号	YL6-2-4

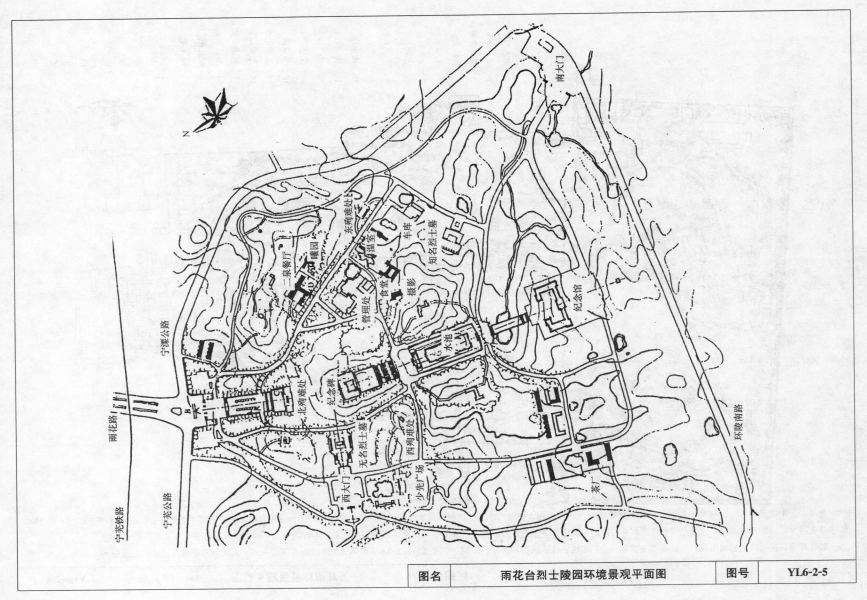

| 图名 | 雨花台烈士陵园环境景观平面图 | 图号 | YL6-2-5 |

6.3 海外"中国园林"工程景观平面图例

图名	几内亚科纳克里市"中国园"景观平面	图号	YL6-3-1

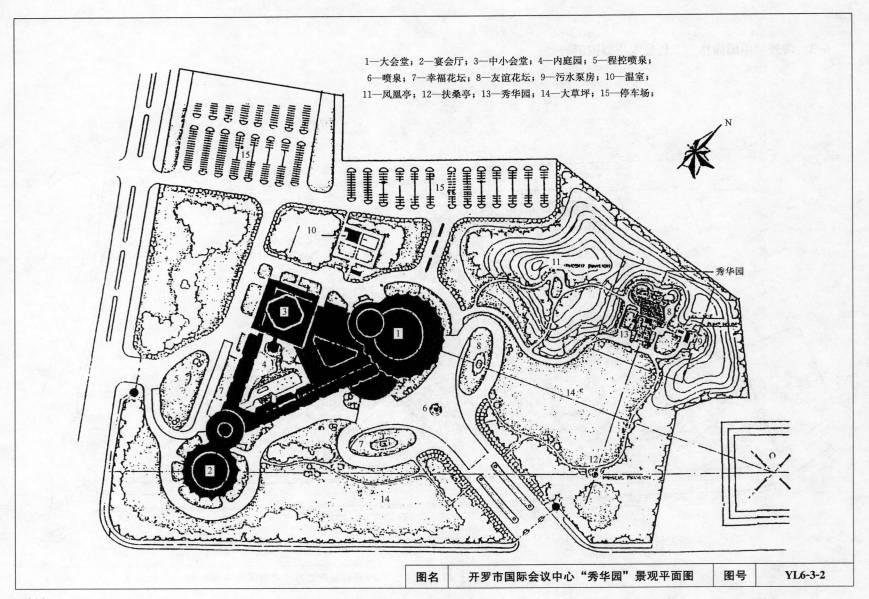

1—大会堂；2—宴会厅；3—中小会堂；4—内庭园；5—程控喷泉；
6—喷泉；7—幸福花坛；8—友谊花坛；9—污水泵房；10—温室；
11—凤凰亭；12—扶桑亭；13—秀华园；14—大草坪；15—停车场；

秀华园

| 图名 | 开罗市国际会议中心"秀华园"景观平面图 | 图号 | YL6-3-2 |

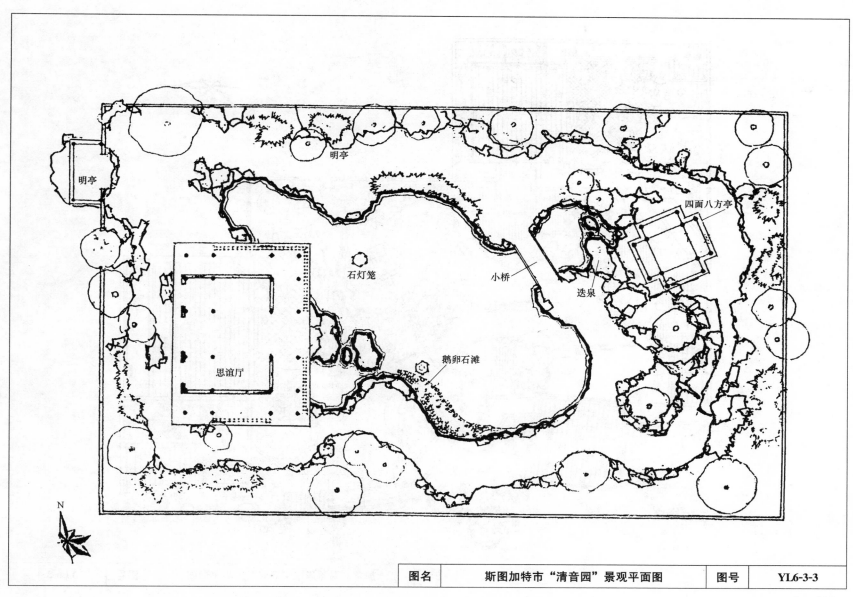

明亭

明亭

石灯笼

思谊厅

鹅卵石滩

四面八方亭

小桥

迭泉

N

| 图名 | 斯图加特市"清音园"景观平面图 | 图号 | YL6-3-3 |

213

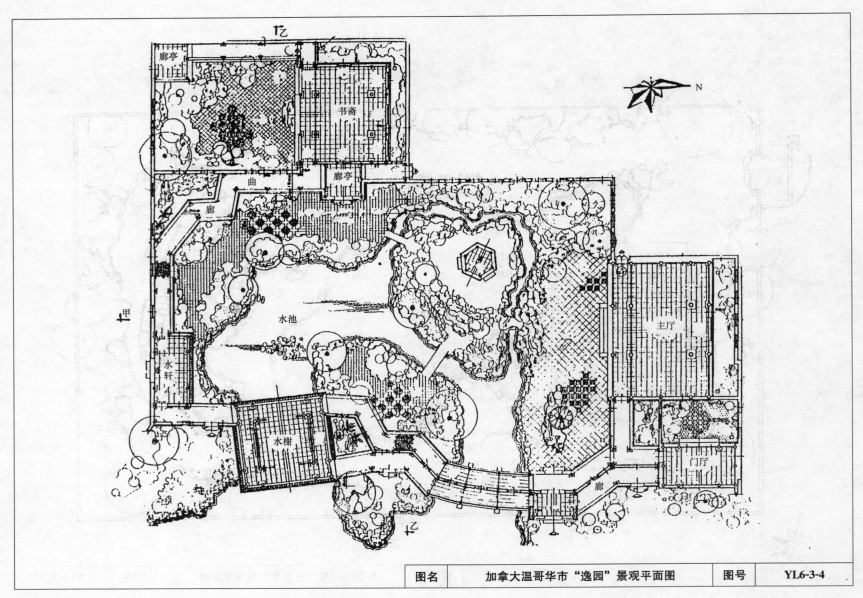

廊亭

书斋

廊亭

曲

廊

甲

水轩

水池

水榭

主厅

门厅

廊

N

| 图名 | 加拿大温哥华市"逸园"景观平面图 | 图号 | YL6-3-4 |

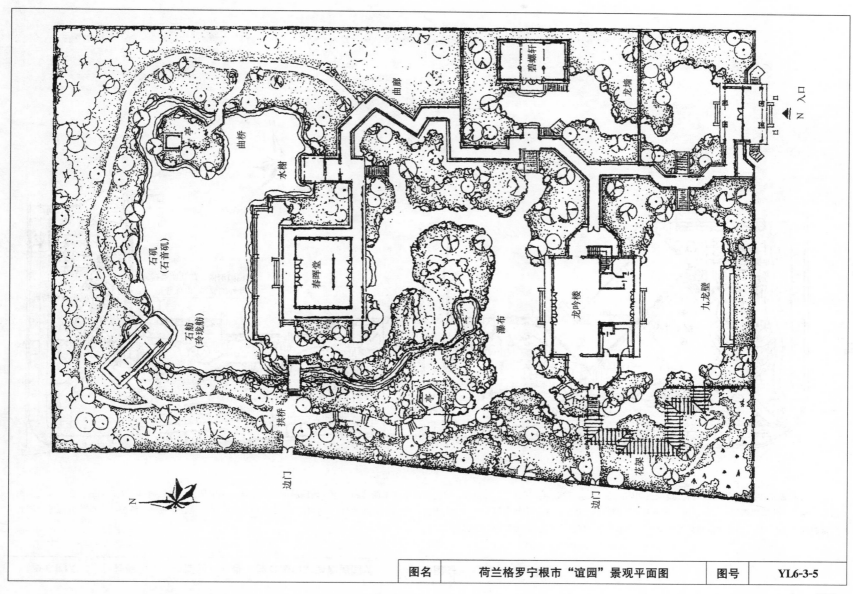

| 图名 | 荷兰格罗宁根市"谊园"景观平面图 | 图号 | YL6-3-5 |

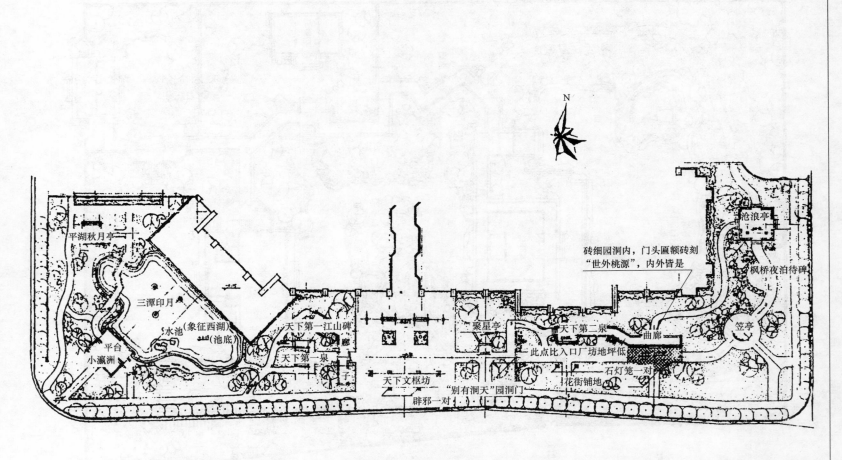

平湖秋月亭
三潭印月
水池 (象征西湖)
(池底)
平台
小瀛洲
亭子
天下第一江山碑
廊
天下第一泉
天下文枢坊
辟邪一对
"别有洞天"园洞门
聚星亭
天下第二泉
曲廊
此点比入口厂坊地坪低
石灯笼一对
花街铺地
砖细园洞内，门头匾额砖刻
"世外桃源"，内外皆是
沧浪亭
枫桥夜泊待碑
笠亭
N

美国凤凰城"中国花园"设计构思着眼于中国传统建筑，并赋以实用性、多功能性，园艺赋以个性来调动和运用江南园林的造园手法：小中见大、曲径通幽、因地制宜。在方寸之间纳出水、花木、建筑之精华，挖湖掇出，形成开阔的湖泊和幽深的曲溪；空间互相穿插，层次丰富。全园由平湖秋月、三潭印月、小瀛洲、天下第一泉、聚星亭、沧浪亭、世外桃源等中国式名景组成。"中国花"弘扬中国悠久的历史和灿烂的文化，促进中美之间的经济和文化交流。

图名	美国凤凰城"中国花园"景观平面图	图号	YL6-3-6

7 园林雕塑公园景观图例

7.1 园林雕塑景观的特点与分类

7.1.1 园林雕塑的特点

城市园林环境艺术是一个综合的整体，它包括了建筑、绿地、水体、小品、街灯、壁画、雕塑等方面，园林雕塑是一个不可缺少的重要构成要素。无论是纪念碑雕塑或建筑群内的雕塑和广场、公园、绿地以及街道间、建筑前的城市雕塑都已成为现代城市中的人文景观的重要组成部分，是一座城市文化水平的象征。综合地说，园林雕塑必须具有如下几个特点：

(1) 互相联系：城市园林雕塑是处于一定环境的包容之内，所以，园林雕塑本身不单是一件雕塑作品，而是这件雕塑作品与其周围环境所共同形成的整体艺术效果。因此在城市雕塑创作中，既要考虑雕塑作品融于环境之内形成一个有机的整体，又要考虑它如何从纷繁的环境中分离出来，便于人们的欣赏。重视雕塑与环境的关系，是一件城市雕塑作品成败的关键。无论雕塑在建筑环境中怎样布局，它们之间都是一个相互联系的整体。

(2) 公共性、开放性和参与性：城市园林雕塑的公共性，主要是指该城市园林雕塑大多置立于室外环境的特点决定了它是由人们共同享有的艺术。当一件城市园林雕塑作品诞生时，它不仅给这座城市带来无限生机，是这座城市不可缺少的重要组成部分之一，同时还给这座城市的每一个人以精神的享受和满足。所以，城市园林雕塑无论是具象的、抽象的、意象的表现，或者是装饰纪念等等，从它的审美形式上，都应符合某个地域或人们的公共审美需求，应为大众所接纳。

城市园林中雕塑往往是在开放的空间中存在的，例如在城市广场中、在街道绿地中、在街心花园中或是公共建筑、桥梁、水面上，都可以看到各式各样的城市园林式雕塑。开放的空间也决定了这些雕塑所具有的开放性标准、要求和能力，可以称其为开放的雕塑。在这些开放空间里，人们以不同的方式来与这些开放的雕塑取得交流。

(3) 材料的耐久性及构图形式的稳定感：城市雕塑不可以任意搬迁移动，在一般情况下位置一旦确定，便永远在原来的地方固定不动，所以要求作者与建设者必须根据特定位置的特定条件，如周围环境的视线角度、光线视距等因素加以考虑，在有了全面成熟的方案后，方可施工建设。城市园林雕塑多建立于室外环境中，长年遭受风吹雨打日晒等自然因素的侵蚀，又要求能够留存久远，不但要求其有更高的艺术质量，同时还要求材料的持久性和防侵蚀性。所以，建立于室外的城市雕塑一般都采用石头、金属等材料。

城市园林雕塑如同其他建筑物一样，是由足够坚固的物质材料构成并且在一个相对开阔的地域中供人观赏，这决定了城市园林雕塑要有稳定的构图，使人们无论从哪个角度看去都会有整体、稳固的感觉，并有着丰富的变化。

(4) 雕塑是具有鲜明的时代感和民族地域文化的特色：每座城市都有自己的历史特点。有的城市是文化名城，可以突出其历史文化特点，多建立历史人物等纪念性雕塑，例如长沙市橘子洲头的大型"青年毛泽东雕像"，唐山市的"李大钊雕像"(见 YL7-2-1 (一))，深圳莲花山的"邓小平雕像"等；有的是现代化工业城市，其中的城市园林雕塑可以是现代感、形式感很强的作品；有的城市是海滨城市，一些城市雕塑的作品的题材或许可根据大海的故事展开，例如澳门"观音像"，青岛的"中山装雕塑"，大连的"飞翔雕像"等

图名	园林雕塑景观的特点	图号	YL7-1-1

7.1.2 园林雕塑的分类

对于城市园林雕塑的分类方法一般有如下五大类型：

(1) 根据使用材料分类：

1) 石雕：坚硬的石头作为城市园林雕塑的材料是最广泛应用的一种，石材最突出表现的是厚重，是整体团块结构最为鲜明的雕塑。

2) 金属雕塑：城市雕塑在金属材料的使用上丰富多彩。铸铜质感坚硬、厚重，粗糙中带有微妙的变化，外观的斑驳色彩处理极具历史感。铸铁，材料易于操作，可塑造出刚劲有力的艺术效果。不锈钢及各种合金材料是现代工业和科技发展的新型材料，在现代城市雕塑材料的运用中具有广阔前景。

3) 玻璃钢雕塑：玻璃钢雕塑是使用树脂材料在模具中固化成型的工艺，它具有重量轻、工艺简单、便于操作等优点。

4) 混凝土雕塑：由于水泥凝固后与石材相似，所以，常用作石雕的代用材料，具有强度高、容易成形、雕塑工程速度快、造价低等特点。

5) 水景雕塑：现代化城市园林雕塑发展的产物，它是运用喷水和照明设备相结合，具有变化无穷等特点，与灯光结合后会达到迷人的效果。

(2) 根据占有空间形式分类：

1) 圆雕：圆雕是形象进行全方位的立体塑造和雕塑，它具有很强烈的体积感和空间感，人们可以从不同的角度进行观赏。

2) 浮雕：它是对形象某一定角度进行立体的一种雕塑，是介于圆雕和绘画之间的一种表现形式，它依据附于特定的体面上，有特定的观赏角度。

3) 透雕：是在浮雕画面上保留有形象的部分，挖去衬底部分，形成有虚有实、虚实相间的雕塑。具有空间流通、光彩变化丰富、形象清晰的特点。

(3) 根据艺术处理形式分类：

1) 具象雕塑：这是雕塑艺术上又一种表现形式，它依据附于特定的体面上，同时必须具有特定的观赏角度。

2) 抽象雕塑：抽象雕塑是采用抽象思维的手法对客观形体加以主观概括、简化或强化；另一种抽象手法是几何形的抽象，运用点、线面、体块等抽象符号加以组合。抽象雕塑比具象雕塑更含蓄、更概括，它具有强烈的视觉冲击力和时代气息。

(4) 根据所处地理位置分类：它又可以分为绿地雕塑、广场雕塑、公共建筑雕塑等，由于所处的地理位置不同，自然各自所具有的特点也不尽相同，例如广场雕塑大多以纪念性大型主题雕塑为主。此外，由于广场的性质不同，具体的情况也不会相同，有的广场雕塑具有装饰感。而有些活泼可爱的雕塑可能更多地被安放在园林之中、绿地或街道小区之中等。

(5) 根据雕塑所具有的功能分类：

1) 纪念雕塑：主要以庄重、严肃的外观形象来纪念一些伟人和重大事件，环境景观中处于中心或主导地位，能起控制和统帅全部环境的作用。

2) 主题性雕塑：是指特定环境中，为增加环境的文化内涵，表达某些主题而设置的雕塑。

3) 装饰性雕塑：能在环境空间中起装饰、美化作用，不强求有鲜明的思想内涵，但强调环境中的视觉美感，要求给人以美的享受和情操的陶冶。

4) 功能性雕塑：这主要功能要求是，在具有装饰性美感的同时，又有不可替代的实用功能。比如说在儿童游乐场中，一些装点成各种可爱的小动物的雕塑，本身已经很美观，又能是儿童的玩具，具有一定的实用功能，深受儿童们的欢迎。

图名	园林雕塑景观的分类	图号	YL7-1-2

7.2 园林雕塑景观实例

（A）园林雕塑景观实例（一）

（B）园林雕塑景观实例（二）

（C）园林雕塑景观实例（三）

（D）园林雕塑景观实例（四）

图名	园林雕塑景观实例（一）	图号	YL7-2-1（一）

（A）园林雕塑景观实例

（B）园林雕塑景观实例

（C）园林雕塑景观实例

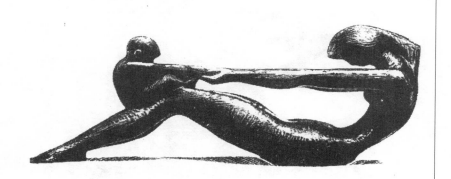

（D）园林雕塑景观实例

图名	园林雕塑景观实例（二）	图号	YL7-2-1（二）

（A）园林雕塑景观实例

（B）园林雕塑景观实例

（C）园林雕塑景观实例

（D）园林雕塑景观实例

图名	园林雕塑景观实例（三）	图号	YL7-2-1（三）

（A）园林雕塑景观实例

（B）园林雕塑景观实例

（C）园林雕塑景观实例

（D）园林雕塑景观实例

图名	园林雕塑景观实例（四）	图号	YL7-2-1（四）

(A) 园林雕塑景观实例

(B) 园林雕塑景观实例

(C) 园林雕塑景观实例

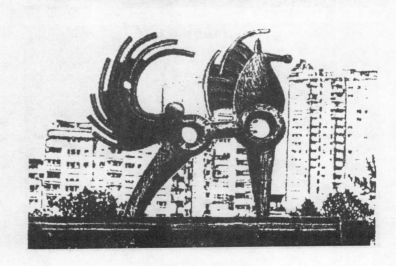

(D) 园林雕塑景观实例

图名	园林雕塑景观实例（五）	图号	YL7-2-1（五）

（A）园林雕塑景观实例

（B）园林雕塑景观实例

（C）园林雕塑景观实例

（D）园林雕塑景观实例

（E）园林雕塑景观实例

（F）园林雕塑景观实例

图名	园林雕塑景观实例（六）	图号	YL7-2-1（六）

（A）园林雕塑景观实例

（B）园林雕塑景观实例

（C）园林雕塑景观实例

（D）园林雕塑景观实例

（E）园林雕塑景观实例

（F）园林雕塑景观实例

| 图名 | 园林雕塑景观实例（七） | 图号 | YL7-2-1（七） |

（A）园林雕塑景观实例

（B）园林雕塑景观实例

（C）园林雕塑景观实例

（D）园林雕塑景观实例

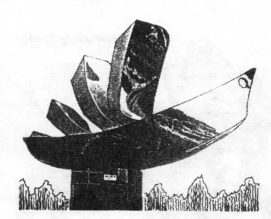

（E）园林雕塑景观实例

（F）园林雕塑景观实例

| 图名 | 园林雕塑景观实例（八） | 图号 | YL7-2-1（八） |

（A）园林雕塑景观实例

（B）园林雕塑景观实例

（C）园林雕塑景观实例

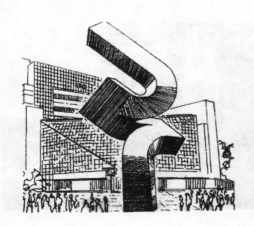

（D）园林雕塑景观实例

（E）园林雕塑景观实例

（F）园林雕塑景观实例

图名	园林雕塑景观实例（九）	图号	YL7-2-1（九）

（A）园林雕塑景观实例

（B）园林雕塑景观实例

（C）园林雕塑景观实例

（D）园林雕塑景观实例

（E）园林雕塑景观实例

（F）园林雕塑景观实例

图名	园林雕塑景观实例（十）	图号	YL7-2-1（十）

（A）园林雕塑景观实例

（B）园林雕塑景观实例

（C）园林雕塑景观实例

（D）园林雕塑景观实例

（E）园林雕塑景观实例

（F）园林雕塑景观实例

| 图名 | 园林雕塑景观实例（十一） | 图号 | YL7-2-1（十一） |

（A）园林雕塑景观实例

（B）园林雕塑景观实例

（C）园林雕塑景观实例

（D）园林雕塑景观实例

（E）园林雕塑景观实例

（F）园林雕塑景观实例

图名	园林雕塑景观实例（十二）	图号	YL7-2-1（十二）

（A）园林雕塑景观实例

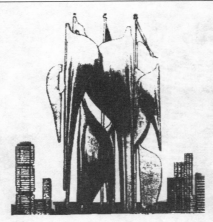

（B）园林雕塑景观实例

（C）园林雕塑景观实例

（D）园林雕塑景观实例

（E）园林雕塑景观实例

（F）园林雕塑景观实例

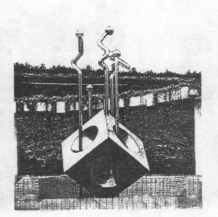

（G）园林雕塑景观实例

（H）园林雕塑景观实例

| 图名 | 园林雕塑景观实例（十三） | 图号 | YL7-2-1（十三） |

（A）园林雕塑景观实例

（B）园林雕塑景观实例

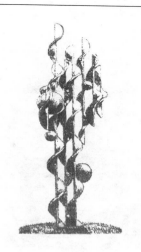

（C）园林雕塑景观实例

（D）园林雕塑景观实例

（E）园林雕塑景观实例

（F）园林雕塑景观实例

（G）园林雕塑景观实例

（H）园林雕塑景观实例

图名	园林雕塑景观实例（十四）	图号	YL7-2-1（十四）

（A）园林雕塑景观实例

（B）园林雕塑景观实例

（C）园林雕塑景观实例

（D）园林雕塑景观实例

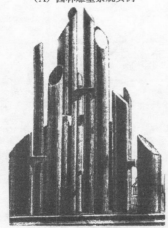

（E）园林雕塑景观实例

（F）园林雕塑景观实例

（G）园林雕塑景观实例

（H）园林雕塑景观实例

| 图名 | 园林雕塑景观实例（十五） | 图号 | YL7-2-1（十五） |

（A）园林雕塑景观实例

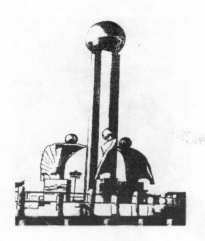

（B）园林雕塑景观实例

（C）园林雕塑景观实例

（D）园林雕塑景观实例

（E）园林雕塑景观实例

（F）园林雕塑景观实例

（G）园林雕塑景观实例

（H）园林雕塑景观实例

图名	园林雕塑景观实例（十六）	图号	YL7-2-1（十六）

（A）园林雕塑景观实例

（B）园林雕塑景观实例

（C）园林雕塑景观实例

（D）园林雕塑景观实例

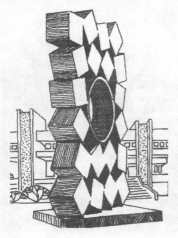

（E）园林雕塑景观实例

（F）园林雕塑景观实例

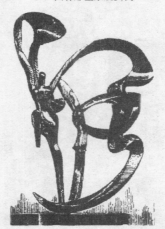

（G）园林雕塑景观实例

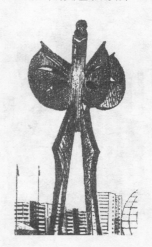

（H）园林雕塑景观实例

图名	园林雕塑景观实例（十七）	图号	YL7-2-1（十七）

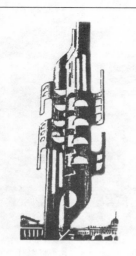

（A）园林雕塑景观实例

（B）园林雕塑景观实例

（C）园林雕塑景观实例

（D）园林雕塑景观实例

（E）园林雕塑景观实例

（F）园林雕塑景观实例

（G）园林雕塑景观实例

（H）园林雕塑景观实例

| 图名 | 园林雕塑景观实例（十八） | 图号 | YL7-2-1（十八） |

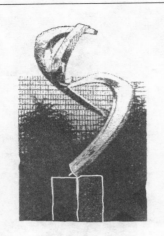

（A）园林雕塑景观实例

（B）园林雕塑景观实例

（C）园林雕塑景观实例

（D）园林雕塑景观实例

（E）园林雕塑景观实例

（F）园林雕塑景观实例

（G）园林雕塑景观实例

（H）园林雕塑景观实例

| 图名 | 园林雕塑景观实例（十九） | 图号 | YL7-2-1（十九） |

8 著名庭园景观鸟瞰图实例

8.1 北京地区著名庭园景观鸟瞰图实例

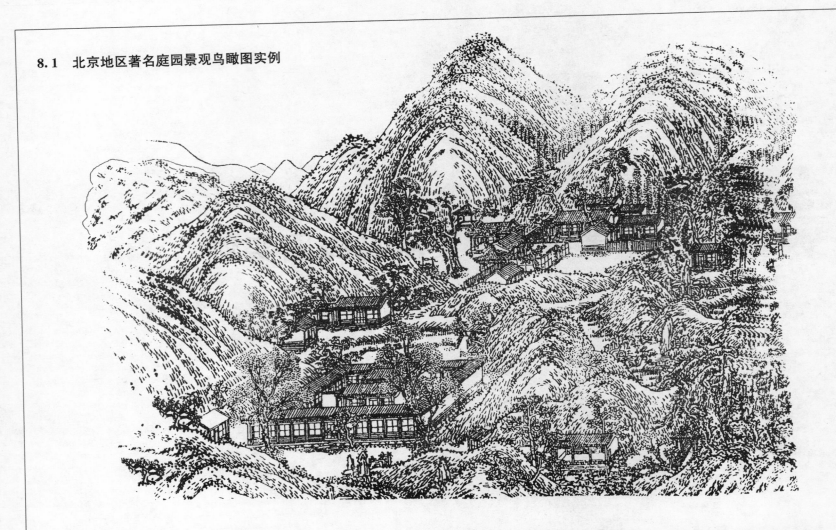

"武陵春色"原属圆明园景观，是一处摹写陶渊明（365—427年）《桃花源记》艺术意境的园中园。建于1720年（康熙五十九年）前，初名为桃花坞。乾隆帝为皇子时，曾在此地居住读书。盛时此地山桃万株，东南部叠石成洞，可乘舟沿溪而上，穿越桃花洞，进入"世外桃源"。

图名	北京圆明园"武陵春色"景观鸟瞰图	图号	YL8-1-1

　　圆明园中的"坦坦荡荡"景观，俗称金鱼池，是当年清帝喂鱼观景的地方，位于后湖西岸，仿杭州西湖"花港观鱼"一景之意境。池周舍下，锦鳞数千尾，是皇帝观赏金鱼最佳处。现在仍保存着鱼池和多处建筑遗迹。经考古发掘，金鱼池建筑独具匠心。池以巨大的花岗石砌筑，池中设假山，有的假山下带水井，假山可供鱼儿嬉戏，水井则可供鱼儿躲避寒暑。

　　乾隆二十一年，乾隆帝在圆明园园居 157 天，来金鱼池喂金鱼达 72 次之多。本景占地 10500m²，建筑面积 1650m²。该景四面环水，西北外侧有山，西、西南、东南均设跨溪木板桥，其北有一造型极其美观之石桥——碧澜桥。坦坦荡荡建自康熙后叶，胤禛"园景十二咏"即有金鱼池诗目。坦坦荡荡有池中观鱼的水榭（光风霁月），有度夏寝宫（半亩园），有进膳的堂屋（素心堂）。金鱼池遗址遗存最完整。经考古清理，金鱼池已略显当年风貌。池中假山中有鱼窝，为金鱼过冬之处，从中可见当年皇帝为养金鱼而煞费苦心。

图名	北京圆明园"坦坦荡荡"景观鸟瞰图	图号	YL8-1-2

　　"天然图画"位于圆明园后湖东岸，临湖建有朗吟阁和竹过楼。登楼可远眺西山群峰，中观玉泉万寿塔影，近看后湖四岸风光，景象万千，宛如天然图画一般。这一景的园林植物配置也独具匠心，院内有翠竹万竿，双桐相映。五福堂阴，有玉兰盛开。该株玉兰为圆明园初建时所植，弘历儿时常至花下游，视其为同庚。此树被称作御园玉兰之祖。乾隆五十一年，弘历年龄已近八十，偶至堂前对花，多有感慨而成诗一首《五福堂玉兰花长歌志怀》，诗中说道："御园中斯最古堂，其年与我相伯仲。清晖阁松及此花，当时庭际同植种。…忆昔少年花开时，乐群敬业相媚怡"。诗成后刻卧碑之上，立于花旁，并令饰新轩牖，点缀文石。

图名	北京圆明园"天然图画"景观鸟瞰图	图号	YL8-1-3

从万寿山山脚昆明湖岸的"云辉玉宇"牌楼向北，经过排云门、二宫门、排云殿，通往山腰的德辉殿、佛香阁，直至山顶的智慧海，形成一条层层上升的中轴线。

佛香阁始建于清乾隆年间，1860年被英法联军烧毁，光绪时按原样重建。阁结构为八面三层重檐，通高为36.44m，耸立于20m高的石台基上气势雄伟，是颐和园全园的构图中心。佛香阁内供奉有铜铸金裹千手观世音菩萨站像。像的高为5m，重达10000斤，为明代万历年间所造，在八根贯通全阁上下的承重铁力木擎天柱的衬托下，美妙庄严，熠熠生辉，有极高的文物和艺术价值。从审美角度来看，佛香阁就是颐和园的点睛之笔，颐和园的精、气、神，似乎都与佛香阁有关。

图名	北京颐和园"佛香阁"景观鸟瞰图	图号	YL8-1-4

8.2 江浙地区著名庭园景观鸟瞰图实例

浙江宁波的"天一阁"之名，取义于汉郑玄《易经注》中"天一生水"之说，因为火是藏书楼最大的祸患，而"天一生水"，可以以水克火，所以取名"天一阁"。书阁是硬山顶重楼式，面阔、进深各有六间，前后有长廊相互沟通。楼前有"天一池"，引水入池，蓄水以防火。康熙四年（1665年），范钦的重孙范文光又绕池叠砌假山、修亭建桥、种花植草，使整个楼阁及其周围初具江南私家园林的风貌。

天一阁面积约 2.6 万 m²，分藏书文化区、园林休闲区、陈列展览区。以宝书楼为中心的藏书文化区有东明草堂、范氏故居、尊经阁、明州碑林、千晋斋和新建藏书库。以东园为中心的园林休闲区有明池、假山、长廊、碑林、百鹅亭、凝晖堂等景点。

| 图名 | 浙江宁波"天一阁"景观鸟瞰图 | 图号 | YL8-2-1 |

　　网师园是苏州园林中极具艺术特色和文化价值的中型古典山水宅园代表作品。网师园始建于公元1174年（宋淳熙元年），始称"渔隐"，几经沧桑变更，至公元1765年（清乾隆三十年）前后，定名为"网师园"，并形成现状布局。几易其主，园主多为文人雅士，且各有诗文碑刻遗于园内，历经修葺整理，最终形成了这一古典园林中的精品杰作。网师园为典型的宅园合一的私家园林。住宅部分共三进，自大门至轿厅、万卷堂、撷秀楼，沿中轴线依次展开，主厅"万卷堂"屋宇高敞，装饰雅致。

| 图名 | 江苏苏州"网师园"景观鸟瞰图 | 图号 | YL8-2-2 |

位于扬州城东南徐凝门刁家巷，系清代光绪年间，何芷舠的宅园，习称"何园"。因主人附庸风雅，从陶渊明"倚南窗以寄傲"、"登东皋以舒啸"取意，为"寄啸山庄"。寄啸山庄是晚清扬州最有特色的一座名园。

清乾隆年间李斗所著的《扬州画舫录》引用刘大观的话："杭州以湖山胜，苏州以市肆胜，扬州以园亭胜，三者鼎峙，不可轩轾"。杭州坐拥西湖，山光水色，园林建筑擅长借景；苏州园林建筑大多是官僚富商的居室，以贵气闻名，而扬州文人汇聚，所以园林建筑的书卷气比较浓厚。

图名	江苏扬州"寄啸山庄"景观鸟瞰图	图号	YL8-2-3

惠山

竹炉山房

锡山

惠山寺

寄畅

锡惠公园因山而得名，西部是惠山，东部是锡山。惠山高 329m，周围约 20km，素有"江南第一山"的美称。它是天目山的支脉，从东南连绵而来，山有九峰，境蜒似龙，又称"九龙山"。惠山因晋代开山禅师慧照在此建寺，后人就用慧照命名"惠山"。古时慧、惠两字相通，惠山就由此得名。惠山以泉著名，有天下第二泉、龙眼泉等十多处，名胜古迹有春申涧、惠山寺、听松石床、竹炉山房等数十处。

图名	江苏无锡"惠山、锡山"景观鸟瞰图	图号	YL8-2-4

瘦西湖位于扬州市北郊，现有游览区面积100hm²左右，1988年被国务院列为"具有重要历史文化遗产和扬州园林特色的国家重点名胜区"。2010年被授予中国旅游界含金量最高荣誉——全国AAAAA级景区。

长春岭

莲花桥

玉板桥

长春桥

春波桥

在瘦西湖"L"形狭长河道的顶点上，是眺景最佳处。由历代挖湖后的泥堆积成岭，登高极目，全湖景色尽收眼底。文人雅士看中此地，构堂叠石有增添，至清代成为瘦西湖最引人处。有"湖上蓬莱"之称。近人巧取瘦西湖之"瘦"，小金山之"小"，点明扬州园林之妙在于巧"借"：借得西湖一角，堪夸其瘦；移来金山半点，何惜乎小。岭上为风亭，连同岭下的琴室、月观，近处的吹台，远景近收，近景烘托，把整个瘦西湖景区装扮得比"借"用的原景多了许多妩媚之气。

| 图名 | 江苏扬州"瘦西湖"景观鸟瞰图 | 图号 | YL8-2-5 |

虎丘为全国AAAA级景区及首批十佳文明风景旅游区示范点。2001年12月通过ISO9001—14001双体系认证。位于苏州城西北郊，距城区中心5km。相传春秋时吴王夫差葬其父于此，葬后3日有白虎踞其上，故名。山高约36m，古树参天，山小景多，千年虎丘塔矗立山巅。虎丘依托着秀美的景色，悠久的历史文化景观，享有"吴中第一名胜"的美誉。宋苏东坡说过："到苏州而不游虎丘，乃是憾事"。

唐代大诗人白居易任苏州刺史时，曾凿山引水，并修七里堤，使虎丘景致更为秀美。景区现有面积100hm²，保护区面积475.9hm²，为苏州的一个重要旅游窗口。虎丘还是苏州民间集会的重要场所，根据吴地"三市三节"的历史，虎丘山风景名胜区管理处每年春季都举办艺术花会，展出牡丹、郁金香、比利时杜鹃等大批名贵花卉；秋季举办民俗风情浓郁的民俗庙会，深受游客喜爱，一年两会已成为苏州特色旅游项目中的热点节目。

图名	江苏苏州"虎丘"景观鸟瞰图	图号	YL8-2-6

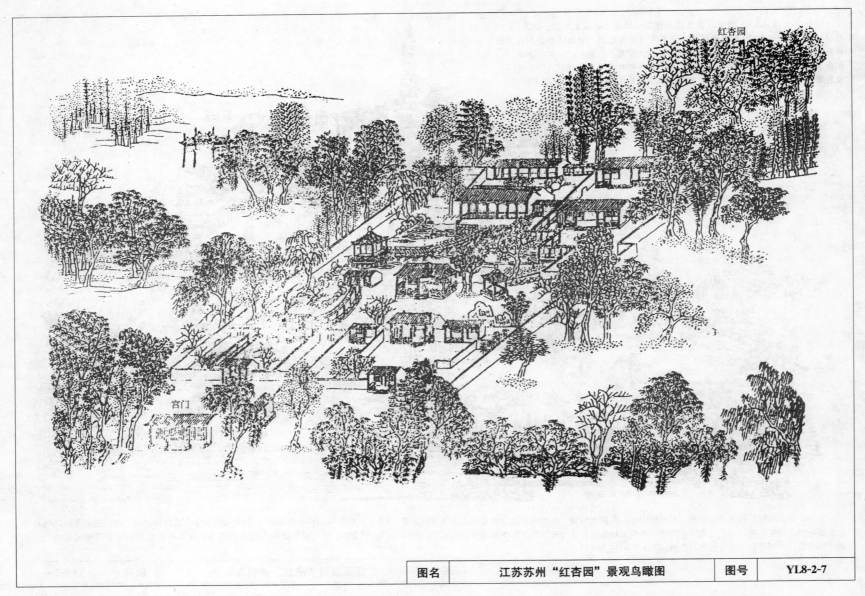

红杏园

宫门

| 图名 | 江苏苏州"红杏园"景观鸟瞰图 | 图号 | YL8-2-7 |

沧浪亭，世界文化遗产，位于苏州市城南三元坊附近，在苏州现存诸园中历史最为悠久。始建于北宋，为文人苏舜钦的私人花园，称"沧浪亭"。沧浪亭占地面积1.08hm²。园内有一泓清水贯穿，波光倒影，景象万千。沧浪亭主要景区以山林为核心，四周环列建筑，亭及依山起伏的长廊又利用园外的水面，通过复廊上的漏窗渗透作用，沟通园内、外的山、水，使水面、池岸、假山、亭榭融成一体。园中山上石径盘旋，古树葱茏，箬竹被覆，藤萝蔓挂，野卉丛生，朴素自然，景色苍润如真山野林。

观音阁

沧浪亭

座落

宫门

"沧浪亭"始为五代时吴越国广陵王钱元璙近戚中吴军节度使孙承祐的池馆。宋代著名诗人苏舜钦以四万贯钱买下废园，进行修筑，傍水造亭，因感于"沧浪之水清兮，可以濯吾缨；沧浪之水浊兮，可以濯吾足"，题名"沧浪亭"，自号沧浪翁，并作《沧浪亭记》。苏氏之后，沧浪亭几度荒废，南宋初年（12世纪初）一度为抗金名将韩世忠的宅第，清康熙三十五年（1696年）巡抚宋荦重建此园，把傍水亭子移建于山之巅，形成今天沧浪亭的布局基础，并以文征明隶书"沧浪亭"为匾额。清同治十二年（1873年）再次重建，遂成今天之貌。沧浪亭虽因历代更迭有兴废，已非宋时初貌，但其古木苍老郁森，还一直保持旧时的风采，部分地反映出宋代园林的风格。

图名	江苏苏州"沧浪亭"景观鸟瞰图	图号	YL8-2-8

寄畅园在无锡市惠山东麓惠山横街。园址原为惠山寺沤寓房等二僧舍，明嘉靖初年（约 1527 年前后）曾任南京兵部尚书秦金（号凤山）得之，辟为园，名"凤谷山庄"。秦金殁，园归族侄秦瀚及其子江西布政使秦梁。嘉靖三十九年（1560 年），秦瀚修葺园居，凿池、叠山，亦称"凤谷山庄"。秦梁卒，园改属秦梁之侄都察院右副都御使、湖广巡抚秦耀。万历十九年（1591 年），秦耀因座师张居正被追论而解职。回无锡后，寄抑郁之情于山水之间，疏浚池塘，改筑园居，构园景二十，每景题诗一首。

寄畅园属山麓别墅类型的园林。现在寄畅园的面积为 14.85 亩，南北长，东西狭。园景布局以山池为中心，巧于因借，混合自然。假山依惠山东麓山势作余脉状。又构曲涧，引"二泉"伏流注其中，潺潺有声，世称"八音涧"，前临曲池"锦汇漪"。而郁盘亭廊、知鱼槛、七星桥、涵碧亭及清御廊等则绕水而构，与假山相映成趣。园内的大树参天，竹影婆娑，苍凉廊落，古朴清幽。以巧妙的借景，高超的叠石，精美的理水，洗练的建筑，在江南园林中别具一格。寄畅园是中国江南著名的古典园林，1988 年 1 月 13 日国务院公布为全国重点文物保护单位。

图名	江苏无锡"寄畅园"景观鸟瞰图	图号	YL8-2-9

倚虹亭在复廊西面的直廊上，坐东朝西，身后长廊迤逦，面前水木旷远，是进入中花园后一个极好的观赏点。亭右是梧竹幽居，亭前有一座青石小桥，名"倚虹桥"，桥栏、石质都体现了明代风格，似是明代拙政园的遗物。站在亭内，中间开阔的池水，曲桥分割水面。盛夏，满池的荷花红裳翠盖，一片江南风情。绿荫深处，隐约可见一座秀美、玲珑的宝塔，这是运用借景的手法，将园外千余米之遥的北寺塔借入园中。是"借景"中"远借"的佳例。嘉道年间印行的《泛槎图》中有一幅'虹桥修禊'，大致描绘了倚虹园之全貌。倚虹园内有妙远堂、饯春堂、饮虹阁、宜石房、致佳楼、桂花书屋、领芳轩、修禊亭等诸多建筑。

倚虹园究竟有何特色，《扬州园林品赏录》中找到了这样一段话："倚虹园之胜，在于水，水之胜，在于水厅。窗牖洞开，使花山涧湖光石壁，寨裳而来，夜则不张罗帏，昼则不列画屏，晨藏夕膳，芳气竟如凉苑疏寮，云阶月地。"倚虹园名声远播，皆因扬州历史上有名的"虹桥修禊"。据说康熙元年（1662年），时任扬州推官的王士禛领头修禊于虹桥，王士禛曾作《冶春绝句》二十首，流传最广的一首是："红桥飞跨水当中，一字栏杆九曲红。日午画船桥下过，衣香人影太匆匆。"乾隆二十二年（1757年），两淮盐运使卢见曾（号雅雨山人）效先辈虹桥修禊旧事，邀诸名士于倚虹园，作七律四首，依韵相和者竟达六七千人之多，辑诗集三百余卷，虹桥修禊的佳话传遍大江南北。

图名	江苏扬州"倚虹园"景观鸟瞰图	图号	YL8-2-10

金山以绮丽著名，山上江天大禅寺依山而造，殿堂楼台层层相接，远望只见寺庙不见山，素有"金山寺裹山"的说法，家喻户晓的"白娘子水漫金山寺"神话故事即缘于此。芙蓉楼、塔影湖、百花洲、镜天园等景与景区内陆水相连，泉、湖、洲、园、寺等相得益彰，呈现出一幅"楼台两岸水相连，江北江南镜里天"的诗情画意。

金山又有"神话山"之称，山上每一个古迹都有迷人的神话、传说和故事。中国有名的古典神话故事《白蛇传》中"水漫金山寺"，就源出于此，民间流传甚广，为这座名城增添了十分迷人的色彩。小说《说岳全传》中的岳飞到过的金山古迹"七峰亭"，景色宜人。章回小说《水浒》中"张顺夜伏金山寺，宋江智取润州城（即今镇江城）"一回对金山瑰奇风景，作了细腻生动的描写。清代皇帝康熙、乾隆多次南巡，驻跸金山，留下不少"御制"文物，有关乾隆在金山的民间故事传说甚多，使金山更负盛名。历代诗人、书法家、名人雅士，如白居易、李白、张祜、孙鲂、苏东坡、王安石、沈拓、范仲淹、赵孟頫、王阳明等登临观景，留下了许许多多珍贵的遗迹和脍炙人口的题咏。唐代起，国际友人登山游览者络绎不绝。明代日本画僧雪舟等居住金山两年半时间，绘有《大唐扬子江心金山龙游禅寺之图》等有关金山的画卷，现保存在寺庙。

图名	江苏镇江"金山"景观鸟瞰图	图号	YL8-2-11

国家级太湖风景名胜区石湖景区。位于江苏省苏州古城区西南约 4.5km 处。是集吴越遗迹、江南田园山水风光一体的山水型自然风景名胜区。春秋时为吴国贵族游猎祀祝之地、吴越争霸古战场。两宋明清时期，名人雅士常在此筑墅隐居，纵情山水，留下众多历史人文景观。

石湖

石佛寺

湖心亭

行春桥

每当农历八月十七半夜子时时，月亮偏西时，清澈的光辉，透过了九个环洞，直照北面的水面上。这时，微波粼粼，在石湖水面上可以看到一串月亮的影子，在波心荡漾，这就是"石湖串月"奇景。游人为了看这一胜景，一过中秋，不仅苏州城里城外，大小船只一租而空，甚至还有人远从无锡、常熟、吴江等地，赶来看串月的相沿成习。这 2～3 天中，石湖里灯船、游船往来如梭，丝竹诗人蔡云曾有诗说：行春桥畔画桡停，十里秋光红蓼汀。夜半潮生看串月，几人醉倚望河亭。

| 图名 | 江苏苏州"石湖"景观鸟瞰图 | 图号 | YL8-2-12 |

主要参考文献

[1] 赵万民著. 三峡工程与人居环境建设. 北京：中国建筑工业出版社，1999

[2] 周代红编著. 景观工程施工详图绘制与实例精选. 北京：中国建筑工业出版社，2009

[3] 佟裕哲著. 中国景观建筑图解. 北京：中国建筑工业出版社，2001

[4] 宋培抗主编. 城市景观. 北京：中国建筑工业出版社，2001

[5] 本书编委会. 市政工程资料集4景观绿化. 北京：中国计划出版社，2006

[6] 李世华主编. 现代城市环境景观平面图例. 北京：中国建筑工业出版社，2004

[7] 荀平、杨平林著. 景观设计创意. 北京：中国建筑工业出版社，2004

[8] 王其钧编著. 城市景观设计. 北京：机械工业出版社，2011

[9] 梁永基、王莲清主编. 道路广场园林绿地设计. 北京：中国林业出版社，2000

[10] 周代红编著. 园林景观施工图设计. 北京：中国林业出版社，2010

[11] 杜汝俭、李恩山、刘管平主编. 园林建筑设计. 北京：中国建筑工业出版社，2010

[12] 田建林主编. 园林假山与水体景观小品施工细节. 北京：机械工业出版社，2010

[13] 李敏著. 城市绿地系统与人居环境规划. 北京：中国建筑工业出版社，2005

[14] 李世华主编. 市政工程施工图集5园林工程. 北京：中国建筑工业出版社，2004

[15] 苏州园林设计院有限公司编著. 苏州园林. 北京：中国建筑工业出版社，2010

[16] 邵忠编著. 江南园林假山. 北京：中国林业出版社，2003

[17] 许浩著. 景观设计从构思到过程. 北京：中国电力出版社，2011

[18] 李正著. 造园意匠. 北京：中国建筑工业出版社，2010

[19] 杜伯仲著. 中国山水画教程. 天津：天津美术出版社，2008